カンタン＆本気の副業！

これから YouTube で稼ぐための本

YouTubeマスターD（佐藤大悟）
村山喬祐 共著

はじめに

突然ですが、皆さんは次の事実を知っていましたか？

YouTuberを始める人の80%は
収益を得られずに辞めていく。

YouTubeの広告収益を得る条件として、チャンネル登録者1000人以上、総再生時間4000時間を達成する必要があるのですが、そこまでたどり着く人は全体の2割に過ぎません。

え、5人に1人しか稼げないってこと？
全然稼げないじゃん!

そう、普通にやっていたらなかなか稼ぐことはできません。
それほど厳しい世界なんです。
さらに言うと、芸能人が続々と参入してきているという厳しい現状もあります。江頭2:50さん、カジサックさん、中田敦彦さん、仲里依紗さんなどなど、元から知名度がある上に喋りも面白さもルックスもずば抜けた人たちが参入してきたら、素人の私たちが入れる隙なんてなさそうですよね。加えて、規制も年々厳しくなってきていることもあり、今では

副業ビジネス／副収入目的の場として考えると
YouTubeはオワコン

などと言われてさえいます。

ところで、そんな厳しいYouTube界での成功確率を限りなく100%に近づけることができるとしたら、どう思いますか？
決して「無茶なことをしよう」と言っているわけではありません。断言しますが、現在のYouTubeは、正しい運営方法を行えばかなりの高確率で成功を収めることが可能です。
私自身、学生の頃に調子に乗って作ったホームページ制作会社を潰し、ブログアフィリエイト、転売、FX、仮想通貨などさまざまなビジネスに取り組んできました。うまくいったものもあれば失敗したものもあります。でも、間違いなく言えるのは「YouTubeが一番稼ぎやすかった」ということです。

そんなの、誰にでもできることじゃないだろ!
前はできたかもしれないけど、今はもう無理だよね？

ほとんどの方が、こんな風に思うでしょうね。
でも、決してそんなことはないのです。
今でも私が新規のチャンネルを立ち上げると、8割以上の高確率でチャンネルをヒットさせることができます。もちろん、これは私だけが使える魔法というわけではありません。過去6年間にわたり数多くのコンサ

ル生に指導をしていますが、彼らの収益も年を追うごとに右肩上がりに増え続けています。

でも、顔出しは絶対に無理。
そもそも普段の仕事が忙しいし。。。

　なるほど、もっともな不安要素ですね。
　この2つ、特に前者が障害になりYouTubeを始めることができない人、非常に多いと思います。
　でも安心してください。
　おそらく、あなたが想像しているのは自分で顔出しをして喋ったり色々なチャレンジに取り組むようなチャンネル運営だと思いますが、そんなことをする必要はないのです。

　実は、私が得意としているのは

顔出しも声出しもせず、編集のみで完結させる
「ステルスYouTube」という運営手法！
（撮影不要なので、隙間時間に好きな時に作業すればOK）

　これです。
　これなら、前述の2大不安要素は一気に解消されますよね。

　でもでも、他の副業も検討したいし。。。
　とはいえ、まだ心の準備ができてないし。。。

　この期に及んでまだ決断ができないような人は、今すぐに本書を閉じていただいて構いません。でも、想像してみてほしいのです。
　今、大きく継続的に稼げる可能性のあるビジネスに参入して頑張ったら、あなたの未来はどのように変わる可能性があると思いますか？

　最近は時代の流れの先読みが難しくなってきていますが、少なくともこれから数年間は、動画の需要も動画広告市場も拡大し続けることがわかっています。

だから、YouTubeを始めるのは今からでも絶対に遅くはない。

　むしろ、今からが本番だと断言できます。
　間違いありません。

さあ、本書を一気読みして、
あなたの人生を変える旅に出ましょう。

目　次

はじめに ……………………………………………………… 002

第1部
成功への第一歩を踏み出すための
YouTube 運営の基礎

第1章　「今から YouTube で稼ぐのは無理！もう遅い！」は本当なのか？

1-1　YouTube の視聴者増加中！
　　　テレビ離れによる YouTuber への追い風 ……… 014

1-2　最大の障壁と思われがちな「芸能人の参入」は、
　　　むしろ超ウェルカム！ ……………………………… 018

1-3　「稼げない」のはジャンル選びが悪いから …… 022

第2章　YouTube の「報酬が発生する仕組み」と「稼ぎ方のバリエーション」を理解しておこう

2-1　収益化の壁：登録者と再生時間について ……… 028

2-2 再生回数？登録者数？
報酬額は何で決まるのか ⋯⋯⋯⋯⋯⋯ **034**

2-3 いくら稼げる？
1再生あたりの収益単価の実情 ⋯⋯⋯⋯ **041**

2-4 稼ぎ方は無限大！
広告収入以外のマネタイズ ⋯⋯⋯⋯⋯⋯ **050**

第3章　YouTubeで成功するための鍵は「失敗しないジャンル選定」にあり！

3-1 ジャンル選びで9割が決まる！
運営開始前のチャンネル設計 ⋯⋯⋯⋯⋯ **056**

3-2 稼げないジャンルの共通点とは？ ⋯⋯⋯⋯ **062**

3-3 稼げるジャンルの共通点とは？ ⋯⋯⋯⋯ **070**

3-4 失敗しない「稼げるジャンル」の選び方 ⋯⋯ **078**

3-5 広すぎるジャンルはNG！ 専門性が大事 ⋯⋯ **085**

3-6 ジャンルがブレるとチャンネルは崩壊する ⋯ **090**

コラム ジャンルがブレた時の失敗談 ⋯⋯⋯⋯⋯ **094**

第4章　稼ぐためには100%絶対に必要！な「正しいチャンネル」の作り方

4-1　必要機材はパソコン1台でOK！ ……………… **096**

4-2　インストール必須のPCソフトとは？ ……… **103**

4-3　失敗しないチャンネル名の決め方 …………… **116**

4-4　YouTubeチャンネルの作り方 ……………… **122**

4-5　プロフィール写真、バナー画像を作る ……… **130**

> **コラム** 初心者が見落としがちな重要設定 ………… **138**

第5章　動画の作成からアップロードまで、すべて見せます！

5-1　伸びるネタの探し方 …………………………… **140**

5-2　超重要！動画タイトルの決め方 ……………… **149**

5-3　再生回数の鍵：動画の前にサムネイルを作る ……… **159**

> **コラム** 再生回数が伸びるサムネイルをスマホで作る ………… **169**

目 次

5-4	長く再生し続けてもらえる動画の構成とは …	**170**
5-5	編集は時短を心がけること！	**179**
5-6	ついにきた！ 動画を投稿（アップロード）する！	**189**
5-7	プレミア公開で視聴者と交流して コアなファンを獲得する	**197**
5-8	収益化の条件と申請方法について	**202**

コラム 実はすごく重要な BGM **210**

**第6章　YouTube を運営していく上で
絶対に注意してほしいこと**

6-1	YouTube のポリシーをしっかりと確認する …	**212**
6-2	著作権についての基礎知識	**224**
6-3	登録者を購入しては絶対にダメな理由	**233**

コラム 規約違反だけじゃない！
チャンネルの育て方は要注意 **238**

第2部
YouTube マスター D の真骨頂！
再生回数・登録者爆増の秘策

第7章　顔出しも声出し必要なし！
再生回数も爆上がりの
ステルス YouTube とは

7-1　撮影もしなくていい？
ステルス YouTube のメリットとは …………… **242**

7-2　ステルス YouTube なら
撮影なしでもここまでできる！ …………… **248**

7-3　ステルス YouTube 運営の注意点 ……………… **253**

> **コラム** YouTube で稼ぐには
顔と声なんていらない！ …………………… **256**

第8章　再生回数を伸ばすために必要な
超重要テクニック

8-1　絶対に見るべきアナリティクスの指標とは … **258**

目次

8-2 チャンネルはすぐには伸びないので、
投稿直後の数値に惑わされてはダメ ·············· **267**

8-3 エンゲージメント率向上で再生回数 UP！ ···· **270**

8-4 視聴者を循環させて再生回数を倍増させる ··· **275**

8-5 投稿頻度を意識することが大事 ······················· **282**

8-6 足を引っ張る動画は思い切って削除する ········ **285**

特別付録
「kamui tracker」のエビリーが語る
YouTube 市場と活用のポイント ················ **289**

株式会社エビリー 和田洋祐　著

コラム 自分の動画もしっかり分析しよう ············ **307**

コラム まずは登録者数 1000 人を目指そう ········· **308**

おわりに（佐藤大吾）······································ **309**
おわりに（村山喬祐）······································ **310**

著者紹介 ·· **311**

第1部 ▶▶▶

成功への第一歩を踏み出すための YouTube運営の基礎

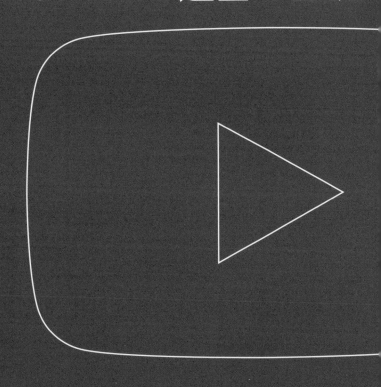

第1章

「今からYouTubeで稼ぐのは無理！もう遅い！」は本当なのか？

1 YouTubeの視聴者増加中！テレビ離れによるYouTuberへの追い風

「YouTubeで稼ぐのはオワコン」は全くの間違い

　2014年に「好きなことで、生きていく」というキャッチフレーズのテレビCMが流れたのをきっかけに、YouTuberになりたい人が爆発的に増加しました。その結果、いわゆるYouTuberは飽和状態に。有名YouTuberのマネをしてメントスコーラのような企画をしても稼げる時代はすぐに終わりを迎えました。

図1-1-1　2014年に放送されたYouTubeのCM「好きなことで、生きていく」

当時は新鮮だった「好きなことで、生きていく」は、2014年10月から不定期に行われていたYouTubeのCMキャンペーンのフレーズです。

　2021年現在でも、好きなことをして生きていきたい！という希望を胸にYouTubeでの配信を始める人も一定数いますが、思うように稼げずに挫折する人が後を絶ちません。

はたして、本当にYouTubeはオワコンなのでしょうか？

断言しますが、YouTubeで稼げる時代はむしろこれからです。少なくとも、この先数年は稼げる可能性も、稼げる金額も右肩上がりに伸びていくでしょう。

稼げる理由①
テレビは終焉を迎え視聴者はネットへ流れる

YouTubeが稼げるようになるのはこれからだと断言できる理由の1つが、テレビの視聴時間が減少しYouTubeなどのネット動画視聴時間が伸びていることが挙げられます。

図1-1-2　令和元年度：動画メディアの平均利用時間

【令和元年度】(平日)動画系メディアの平均利用時間(全年代・年代別)

年代	テレビ系動画視聴時間	ネット系動画視聴時間	DVD・BD・ビデオ系動画視聴時間
全年代(N=3000)	179.5	31.5	12.5
10代(N=284)	80.9	88.1	1.5
20代(N=422)	115.6	54.4	3.0
30代(N=506)	145.2	37.6	2.3
40代(N=652)	162.6	20.4	1.6
50代(N=556)	221.6	15.9	3.8
60代(N=580)	282.6	8.9	2.7

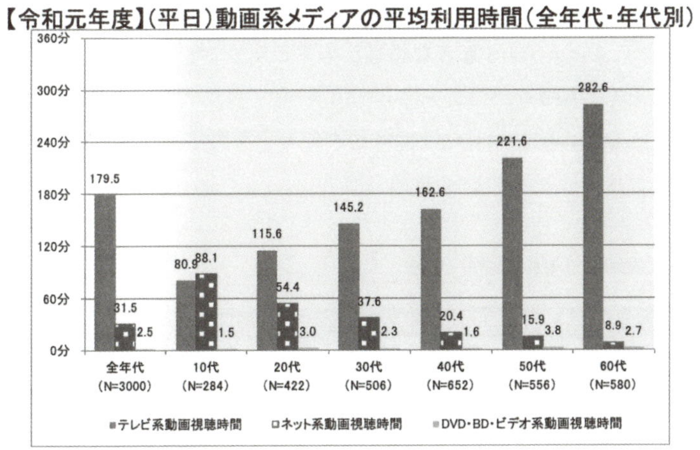

出所：総務省　情報通信メディアの利用時間と情報行動に関する調査
URL：https://www.soumu.go.jp/main_content/000708015.pdf

> グラフは、総務省が発表している各メディアごとの視聴時間を年代ごとに表したものです。若い年代ほどテレビの視聴時間が短く、反対にYouTubeを含むネット動画は年代が若くなるほど視聴時間が長くなっていることがわかります。

1-1　YouTubeの視聴者増加中！テレビ離れによるYouTuberへの追い風

これはスマートフォンやタブレット端末の普及により、ネットでの動画視聴がしやすくなったことや、ライフスタイルの変容により隙間時間で短時間の動画視聴をするニーズが高まったことなどが要因です。
　決まった時間に決まった番組しか見ることができないテレビは今後さらに衰退し、逆に、自分が見たい内容を好きな時にサクッと見られるYouTube動画の需要はさらに高っていくでしょう。

稼げる理由②　動画広告市場の拡大

　YouTubeが今後さらに稼げるようになるであろうもう1つの理由が、「動画広告市場の拡大」です。
　YouTubeを視聴していると、動画の前後や途中に広告が流れたり、バナー広告が表示されたりしますよね。これは企業がGoogleにお金を支払い、その一部がYouTubeやチャンネルの運営者に支払われることで成り立っています。
　実は、このYouTubeを含む動画広告の市場が右肩上がりで成長しているのです。図1-1-3は、2020年10月〜12月に行われた動画広告市場の推計です。前年対比は114%にのぼり、その後も2024年にかけて右肩上がりで成長していく見通しです。

図1-1-3　動画広告市場規模の推計・予測

出所：マーケター向け専門メディア「MarkeZine」
URL：https://markezine.jp/article/detail/35162

なぜ、これほどまでに動画広告市場が拡大しているのでしょうか？

もちろん、テレビからYouTubeに切り替える視聴者が増加していることも理由の1つですが、それだけではありません。YouTubeの広告はテレビ以上に宣伝効果が高いのです。

テレビ広告の場合は時間帯ごとに流すことはできますが、それ以上の絞り込みはできません。

一方でYouTube広告の場合は、年齢、性別、居住地、関心のある事柄など、細かく広告を流す対象を絞ることができます。最低限の広告費でターゲット層に刺さる広告が流せるので、効率の良い集客が可能となるというわけです。

YouTubeで広告を流したい企業が増えるということは、当然、その広告を掲載する動画の需要も高まっていきます。

実際に、ここ数年でYouTuberが受け取れる報酬単価は大幅に上昇しています。今後も動画広告市場が成長していくことを考えると、YouTubeはオワコンどころか、さらに稼げる可能性を秘めていることがわかりますよね。

1-1 まとめ

- YouTubeはオワコンどころか、むしろ稼げるのはこれから！
- テレビ離れによって、YouTubeの視聴者は増え続けている
- 企業の注目度も高まり、YouTuberに支払われる金額も上昇傾向にある

2 最大の障壁と思われがちな「芸能人の参入」は、むしろ超ウェルカム！

芸能人の参入でYouTubeは飽和してしまうのか？

　YouTubeがこれからさらに盛り上がっていくことは間違いありませんが、では配信する側の競合性はどうでしょうか？
　これから参入するあなたが、果たして古参のYouTuberたちがひしめく中で生き抜いていけるのでしょうか？

　YouTubeには既に面白い配信者は沢山いますし、最近では多くの芸能人が参入してきています。このような現状を見ると、YouTubeは既に飽和状態なのではないかと思いますよね。ライバルが強すぎて、始める前から戦意喪失してしまいそうです。

　でも、これについては全く心配いりません。実は、芸能人がYouTubeに参入することは、むしろ歓迎すべきことなのです。

芸能人の参入がプラス要素になる理由

　人気芸能人の動画は再生されやすいです。YouTubeを始める前から知名度がありますし、ルックスが良かったり喋りが上手だったりと、一般人が勝負を挑んでもとても勝てそうにありませんよね。

　でも、そもそも彼らと戦う必要はありません。なぜなら、YouTubeには「おすすめ動画」と「関連動画」の機能があるからです。これらの機能のおかげで、芸能人は敵ではなく、あなたの動画をより多くの人に広めてくれる仲間になってくれているのです。

　おすすめ動画とは、YouTubeを開いた際にホーム画面に表示されている動画のことです（YouTubeの管理画面上では「ブラウジング」という表示になっています）。ここでは視聴傾向に応じて、YouTubeのシステムがあなたが好みそうな動画を自動で選んでくれます。

図1-2-1　おすすめ動画

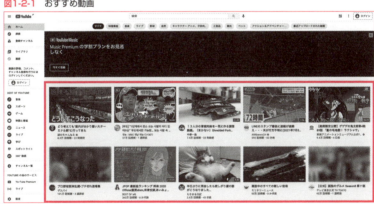

> おすすめ動画とは、YouTubeを開いた時にホーム画面に表示される動画のことです。視聴履歴に基づいて、あなたが好きそうな動画を中心に表示してくれます。

　そして関連動画は、動画を視聴している時に表示される他の動画です。ここには視聴中の動画に関連性の高いものが表示されます。

1-2　最大の障壁と思われがちな「芸能人の参入」は、むしろ超ウェルカム！

図1-2-2 関連動画

動画再生中に表示される他の動画が関連動画です。視聴中の動画に関連する動画が多く表示されます。

　例えば、タレントのGACKTさんが「新しいiPhone12買ってみた！」という動画を投稿したとしましょう。
　すると、その動画を見た人の「おすすめ動画」や「関連動画」に、他の人の「iPhone12を紹介している動画」が表示される可能性が高くなります。

つまり、人気芸能人の動画が再生されることによって、知名度の無い投稿者の動画が大勢の人の画面に表示されるのです。

　芸能人が色々なテーマの動画をアップすればするほど、あなたにもチャンスが回ってくるというわけですね。さらに、彼らの参入は今までテレビにしか興味がなかった人たちがYouTubeを視聴するきっかけにもなっているはず。
　YouTube視聴人口増加にも貢献してくれているので、まさにいいことづくめですよね。

ヒント! 2020年2月にYouTuberとしてデビューした芸人の江頭2:50さんのチャンネルは、チャンネル開設からわずか9日間で登録者100万人を達成するという快挙を成し遂げました。

そして実は、それに伴って再生回数を伸ばしたのが、過去に江頭さんが出演したテレビ番組の違法転載動画や、江頭さんを話題に出している動画なんです。

つまり、江頭さんの動画がヒットすることで、その動画の関連動画として掲載され、その動画と似たテーマの動画の再生回数が上がったわけですね。

なお、当然ですが、違法転載動画の投稿は絶対にダメですよ!

1-2 まとめ

- 「おすすめ動画」と「関連動画」機能のおかげで、芸能人チャンネルはむしろメリットに!
- おすすめ動画：視聴傾向に応じて、ホーム画面でおすすめされる動画
- 関連動画：視聴中の動画のページ内で紹介される他の動画

3 | 「稼げない」のは ジャンル選びが悪いから

YouTubeに参入する多くの人が失敗する理由

　芸能人たちの参入はYouTube全体の視聴人口を増やし、他の YouTuberの動画が視聴されるきっかけ作りもしてくれます。彼らに とっても、YouTubeをやっている方がテレビに出演するよりも稼げま すし、テレビ局やスポンサーに対して媚を売る必要がないので、これ からもさらに多くの芸能人たちがYouTubeに流れ込んでくることで しょう。

　そして、芸能人の後押しによりYouTubeの視聴人口は今後も増加し 続け、企業が出す広告費も高騰していくことが予想されます。

　しかし残念なことに、これからYouTubeを始める人の多くは、芸能 人のYouTuber化をチャンスとして活用できずに散っていくことにな る可能性が高いです。

　例えば、他の有名YouTuberと同じように面白い企画をやったり、定 番のメントスコーラをやってみても、全く再生回数が伸びない。有名 YouTuberは100万回以上再生されているのに、なぜあなたが同じよう なことをやっても伸びないのでしょうか?

それは、YouTubeに参入するほとんどの人が、ジャンル選び で致命的な間違いをおかしているからです。

図1-3-1　芸能人や有名YouTuberの真似をしても成功はできない

安易に有名人の真似をすると失敗する

　仮にあなたがこれからYouTubeを始めるとしたら、どんなチャンネルを参考にしますか？ おそらく、既にたくさんのファンがついた「登録者が多いチャンネル」と答える人が多いでしょう。

これこそ、多くの人がYouTube運営で失敗してしまう最大の要因です。

　例えば、ヒカキンさんがメントスコーラをやって再生数が伸びていたとしても、あなたが同じことをやっても伸びない可能性が高い。「俺もヒカキンさんと同じようにやっているのに！」と、納得できないかもしれませんが、その分野は既に有名YouTuberや芸能人たちにやり尽くされてしまっています。知名度ゼロ＆チャンネル登録者ゼロから始める場合は、彼らと同じことをやっていては絶対にダメなのです。

芸能人や有名YouTuberと一般人の決定的な違い

　なぜ、芸能人や有名YouTuberがやっているネタを一般人がやっても、ほぼ伸びないのでしょうか？

その理由は、あなた自身を見たい人がいないからです。

　有名人の場合、彼らが出演すること自体が視聴者から求められています。そして実は、彼らにとってネタは何でも良いのです。既に使い古されたネタであるメントスコーラや激辛ペヤングをやっても、その動画が面白いものであれば人気が出て再生回数が上がります。しかし、知名度のない、どこの誰かもわからないような人が同じことをやっても「あなた誰？」と思われて、視聴者は動画を開きもせずにスルーしてしまうのです。

一般人が活躍するにはジャンル選びが最重要!

　彼らと同じ土俵で戦っても、敗北は目に見えています。おすすめ動画や関連動画の機能で似たテーマの動画としておすすめされたとしても、そこには他の「そのジャンルの人気動画」も表示されるわけですから、無名であるあなたの動画が再生される可能性はほとんど無いと思っていいでしょう。

そこで重要になってくるのがジャンル選びです。
有名人たちと同じ土俵で勝てないなら、別の土俵で戦えばいいのです。

　実は、誰もが知っている有名人たちが活躍している分野というのは、広いYouTubeの世界の中のほんの一部分に過ぎません。世間で知られていないので、弱小YouTuberのように見えてしまうかもしれませんが、中には登録者1万人そこそこで毎月何百万円も稼いでいるような人がゴロゴロいるジャンルもあります。

　知名度の無い人ががこれからYouTubeに参入して成功するためには、そのような"強大すぎるライバルがいない穴場ジャンル"への参入が絶対条件だと思ってください。

第1章　「今からYouTubeで稼ぐのは無理!もう遅い!」は本当なのか?

図1-3-2 激戦区は氷山の一角

ジャンル選びがうまくいけば9割は成功できる！

　裏を返せば、ジャンル選びさえ間違わなければ、YouTubeは9割成功できると言っても過言ではありません。あとは正しく動画を作り、正しくチャンネルを運営し、正しく改善を繰り返していけば、再生回数も登録者もどんどん増え、収益もしっかり得られるようになることでしょう。

　本書では、ジャンル選定方法も含め、「正しいYouTubeの運営」のノウハウを基礎から応用まで詳細に解説していきます。

　第2章では「YouTubeで収益化する基本的な仕組み」について理解していただき、第3章からは「実際にチャンネルを運営するための実戦的な知識」を身につけていただきます。さらに後半の章では、私がおすすめする「顔を出さないYouTube運営の方法（ステルスYouTube）」や「再生回数を伸ばすための技術」なども公開していきます。

　だから、ぜひ最後まで楽しみつつも、気合いを入れて読み進めてくださいね。

1-3 まとめ

- 多くの新規参入者が成功できない理由は「ジャンル選び」で失敗しているから
- 既に多くのファンを抱えている人たちの真似をしても、ほぼ成功しない
- 新規参入者でも穴場ジャンルを狙えば、勝率をグンと上げることができる！

第2章

YouTubeの
「報酬が発生する仕組み」と
「稼ぎ方のバリエーション」を
理解しておこう

1 収益化の壁：登録者と再生時間について

なぜ、YouTubeでお金が貰えるのか

　YouTubeで稼ぐことを決意したなら、まずはどのような流れでお金が貰えるのかを理解しておく必要があります。

　例えば、YouTubeの「報酬が発生する仕組み」を知らない人たちからは、よくこんな質問を受けます。

登録者数が多ければ多いほど、ガンガン儲かってるんでしょ？
動画が再生されれば、お金が貰えるんでしょ？

　確かに間違いではありません。実際、そのような側面もあります。ですが、これからYouTubeの運営を始める人の認識がこれでは、完全に理解が浅いです。

再生回数と登録者数だけで報酬が決まるわけではありません

この章では、YouTubeで報酬が発生する仕組みについて詳しく解説していきます。これからあなたが運営するチャンネルのテーマを決める際にもとても重要なことなので、絶対に読み飛ばさずに理解を深めておいてくださいね。

主な収入源は「YPP（YouTubeパートナープログラム）」

　YouTubeで報酬を得るには、様々な方法があります。稼ぎ方のバリエーションについては後述しますが、最もスタンダードな方法は「YPP（YouTubeパートナープログラム）」によるものです。YouTubeで動画を再生していると、広告が表示されますよね。その広告が再生されたり、クリックされたりすることで、GoogleからYouTuberに報酬が支払われます。

YouTubeに動画を投稿しているのに、Googleからお金を貰えるの?

　そうなんです。
　なんか、ややこしいですよね。
　もう少し深掘りしていきましょう。

YouTubeにGoogleの広告が掲載される

　GoogleとYouTubeの関係は、実は親会社と子会社の関係です。
　YouTuberは、動画を投稿するプラットホームとしてYouTubeを利用します。Googleは、広告主が出稿した広告を掲載する媒体としてYouTubeを利用します。そして、その広告が表示されたりクリックされたりすると、GoogleはYouTubeとYouTuberに広告費を支払うという流れになっています。

2-1　収益化の壁:登録者と再生時間について

図2-1-1　YouTubeパートナープログラムの仕組み

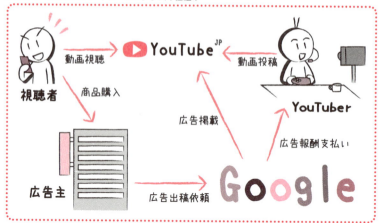

誰でも報酬がもらえるわけではない

　ここで意識しなければいけないのは、「YouTuberはGoogleからお金を貰う」ということではなく、その先に広告主がいるということです。
　広告主はより多くの人に広告を見てもらいたいと思っていますが、その掲載する動画が低俗なものであったり、見るに値しないようなくだらないものであったらどうでしょうか。企業イメージに関わることなので、広告掲載をしたくなくなってしまいますよね。
　そのため、YPPで報酬を受け取るためには「収益化の条件」をクリアし、審査に通過しなければならないのです。

チャンネル登録者数と再生時間には最低基準がある

　YouTubeでチャンネルを作り動画を投稿するのは、誰にでもできることです。中にはホームビデオの保存先として使っている人や、試しに作った練習用動画をアップしているような人もいます。そんな人の動画に広告が掲載されても、そこから広告主の商品が購入されたり、

サービスの契約をしてくれたりする可能性はほとんど無いでしょう。

そのため、YPPの収益化には次のような一定の条件があります。

①すべてのYouTubeの収益化ポリシーを遵守している

②YouTubeパートナープログラムを利用可能な国や地域に居住している

③有効な公開動画の総再生回数が、直近の12ヶ月間で4000時間以上である

④チャンネル登録者数が1000人以上である

⑤リンクされているAdSenseアカウントを持っている

①については第6章で、⑤については第5章で詳しく解説します。そして②については、日本に住んでいる人であれば特に気にする必要はありません。

実は、ここで1番の障壁となるのが③と④の条件です。

「総再生時間4000時間」の壁

まずは、③の「総再生時間4000時間」の条件について見ていきましょう。

4000時間と聞くと途方もない数字のように感じるかもしれませんが、実際何回くらい再生されれば良いのでしょうか?

よくある5分程度の動画の場合、動画の内容が問題なければ、平均の試聴時間は大体50%程度になるでしょう。

つまり、1再生あたり2.5分。

24回再生されて1時間。

4000時間を達成するためには、96000回再生されなければいけません。

いつも有名YouTuberの動画ばかりを見ている人にとっては、この数字は大したことないように見えるかもしれません。でも、スタートアップの人がこれほどの再生回数を得るのは、皆さんが思っている以上に大変なことです。しかも、12ヶ月間の総再生時間を見られるので、ゆっくりやっていては、なかなか目標の再生時間を達成することはできないでしょう。

ということは、「根気よくコンスタントに動画を作り続ける」ことが絶対条件になるわけです。

「登録者数1000人」の壁

次に、④の「登録者数1000人」の壁です。この数字も、有名YouTuberと比べると全然大したことない数字ですが、これを達成するのも大変なことです。

実際にイメージしてみましょう。

あなたがYouTubeの視聴者としてチャンネル登録をしたいと思うのは、どんなチャンネルでしょうか？ 動画を見て「またこのチャンネルの動画が見たい」と思った時に初めて、チャンネル登録ボタンを押しますよね？

「お願いします！チャンネル登録してください！」とどんなに頑張ってお願いをしても、継続して面白い動画を発信し続けない限りは、チャンネル登録してもらうことはできません。

ただ多くの人に再生させるだけではなく、あなたの動画を見た人たちの心を動かし、チャンネル登録ボタンを押したくなる動画作りを心がけなくてはダメなのです。

注意！ チャンネル登録者を早く集めたい気持ちはわかりますが、絶対に「登録者の購入」と「相互登録」だけはしてはいけません。YouTubeの規約で禁止されているからというだけでなく、チャンネルに取り返しのつかないダメージを与えかねません（詳しくは6-3で解説します）。

YPPの収益化条件達成がYouTuberとしてのファーストステップ

　YouTubeは最初のうち、なかなか伸びずにもどかしい時期が続きます。そして「再生時間4000時間」と「登録者数1000人」の壁は、誰もが乗り越えなければいけない辛い時期です。再生回数も伸びにくく、報酬も発生しないのにコツコツ頑張らなければいけないので、YouTubeから撤退する人が最も多いのもこの時期です。

　しかし、YouTubeの伸び方は「少しずつ右肩上がりに伸びていく」というよりは、「ある時、急激にグンと伸びる」というパターンの方が多いという傾向があります。だから、すぐに結果が出なくても、諦めずにじっくりと取り組んで欲しいのです。

　本書の内容をしっかり実践していけば、着実に成果を出していくことができるはず。まずはYPPの収益化条件を達成することを目標に、YouTuberとしての活動に取り組んでみてください。

2-1 まとめ

- YouTuberの主な収入源は、YPPによる広告収入である
- 収益化のためには「再生時間4000時間」「登録者数1000人」の壁を越える必要がある
- この壁を越えるまでが、駆け出しYouTuber最大の障壁となる

2 再生回数？ 登録者数？ 報酬額は何で決まるのか

報酬額は収益化されてから考えればいい？

　総再生時間4000時間と登録者数1000人を達成して、無事審査を通過したら、ついに広告収入を貰うことができるようになります。でも、報酬の仕組みについて理解していないと、実際にいくら貰えるのかは想像がつかないですよね？

　そもそも、YouTubeの収入はどのように計算されるのでしょうか？

　ということで、ここでは「YouTubeの報酬（額）の仕組み」について解説していきます。

　もしかしたら、「報酬額については収益化できてから考えればいい」と考えている人もいるかもしれませんが、報酬についてはチャンネル設計の段階から考えておきましょう。ジャンルによっては、どんなに頑張っても目標の金額に届かないという可能性もあるので、知識がない状態で運営を開始するのは危険なのです。

チャンネル登録者数が多い方が報酬額も高い？

　よくある勘違いなのですが、「チャンネル登録者数が多ければ多いほど、受け取っている報酬額が高い」と思っている人が多いようです。

しかし、実際はそんなことありません。

　確かに、登録者数が多いYouTuberの方が収入が高い傾向はありますが、登録者数と報酬額の数字は直接リンクしているわけではないのです。

YouTuber は動画が再生されると、その再生数に応じて報酬が伸びていきます。登録者数が多くても、動画の再生回数が少なかったら稼ぐことはできませんし、反対に登録者数が少なくても再生回数が多かったら高額の報酬が発生します。つまり、チャンネル登録者数が多いと、それだけ再生回数も伸びやすいので、結果的に報酬額が高くなるという理屈です。

そうです。
大切なのは、チャンネル登録者ではなく再生回数なのです。

とはいえ、再生回数＝報酬額でもない

　マッチポンプのようで申し訳ないのですが、実は厳密に言うと「再生回数＝報酬額」というわけでもありません。

　確かに再生回数が伸びれば、それに伴って報酬額も増えるのですが、動画が再生されればその時点で均等に報酬が支払われるわけではないのです。動画を再生された後に、途中で挟まれる広告が試聴されたり、クリックされたりすることで初めて報酬が発生します。

　YouTube 動画投稿者の報酬に直接関係がある広告の種類には、次のようなものがあります。

①ディスプレイ広告
②オーバーレイ広告
③スポンサーカード
④スキップ可能な動画広告
⑤スキップ不可の動画広告
⑥バンパー広告

それぞれ、どんな特徴があるのかを見ていきましょう。

クリックされることで報酬が発生する広告

①、②、③は、視聴者がクリック（スマホの場合はタップ）することで報酬が発生するタイプの広告です。

①ディスプレイ広告

ディスプレイ広告は、再生中の動画の枠外に表示される広告のことです。PCでYouTubeを視聴している場合は、再生されている動画の右側の関連動画が表示されているエリアの上の方に広告が表示されることがあります。スマホの場合は、動画の下の欄に表示されます。

図2-2-1　ディスプレイ広告

②オーバーレイ広告

オーバーレイ広告は、PCでのみ表示されます。再生中の動画の枠内に横長のバナーで表示されるタイプの広告ですね。動画視聴に邪魔な場合は、右上の×ボタンを押すと消すことができます。

図2-2-2 オーバーレイ広告

③スポンサーカード

　動画に関連するコンテンツや、動画に登場する商品の紹介が表示されるタイプの広告です。こちらもオーバーレイ広告と同様に、動画の枠内に表示されます。

　通常は投稿者が「カード」という機能を使って、関連のある他の動画やサイトに誘導するために使われるのですが、これを広告向けに利用しているのが「スポンサーカード」です（なお、「スポンサーカード」は、実際に表示されることはほとんどありません）。

　以上、これらの広告は、ユーザーの画面に表示されるだけでは収益は発生せず、その広告を開いた時にのみ報酬が発生する仕組みになっています。

　次に紹介する「試聴されることで報酬が発生する広告」と比べると報酬が発生する可能性は低いですが、開かれた時の単価は高めに設定されています。

試聴されることで報酬が発生する広告

④、⑤、⑥の３つは、再生中の動画の前後や中間で流れる動画広告です。

④スキップ可能な動画広告

スキップ可能な動画広告は、広告再生中にカウントダウンが表示され、5秒経過した後にスキップボタンを押すと消すことができるタイプの広告です。早い段階でスキップされてしまうと報酬が入りません。

図2-2-3　スキップ可能な動画広告

⑤スキップ不可の動画広告

広告を最後まで再生しないと、動画本編を試聴することができないタイプの広告です。最長で15〜20秒の動画広告が流れます。スキップ可能な動画広告よりも報酬が発生する確率が高いです。

図2-2-4　スキップ不可の動画広告

⑥バンパー広告

こちらもスキップできない動画広告と同じように、最後まで試聴しないと動画本編を見ることができないタイプの広告です。ただ最長6秒という制限があり、全体の長さが短いので、視聴者が感じるストレスが少なくて済みます。

バンパー広告は、スキップ可能な動画広告と連続で再生されることが多いのが特徴です。

図2-2-5　バンパー広告

YouTubeプレミアム会員による再生

このように、YouTuberがもらえる報酬は、広告がどれだけ視聴者に見られたかによって決まります。

しかし、一部例外もあります。

2018年から、YouTubeの広告が表示されない「YouTubeプレミアム」という有料プランがリリースされました。視聴者がこのプランに加入すると、YouTube上で広告が表示されなくなるというサービスです。このプランの会員が動画を試聴した際には、通常の広告による報酬は入りませんが、試聴回数や試聴時間に応じて報酬が発生します。

注意!　収益と関係なく広告が表示される可能性もあります。

2021年6月の規約変更により、YPPの収益化が完了していないチャンネルでも広告が表示されるようになりました。つまり、必ずしも「広告の表示＝収益発生」ではないということです。ご注意ください。

2-2 まとめ

- チャンネル登録者数と報酬金額は関係ない
- 動画が再生されるだけでは、報酬が入るとは限らない
- 動画が再生され、さらに広告の再生やクリックなどの条件をクリアして初めて報酬が発生する
- 広告が表示されないYouTubeプレミアム加入者の再生も、報酬に反映される

3 いくら稼げる？1再生あたりの収益単価の実情

1再生あたりの単価は人それぞれ

2-2までで、「YouTuberがもらえる報酬額」がどのように決まるのかについて、大まかに理解していただけたかと思います。でも、仕組みがわかったところで、「実際にいくら貰えるのか」の目安がわからないと、モヤっとした気持ちが残ってしまいますよね。

そこで、ざっくりとした目安をお伝えしたいと思います。

私は今までに、数千ものチャンネル運営に関わってきました。

その経験上の感覚値で言うと、1再生あたりの単価は0.05円〜0.7円くらいです。1万回再生されたら、500円〜7000円の報酬が入るという計算になりますね。

開きが大きすぎる？

そうなんです。

再生回数がものすごく多いのにもかかわらず、全然稼げていない チャンネルもあれば、大して再生されていないのに報酬額が高いチャ ンネルもあるのです。そして、あなたのチャンネルの1再生あたりの 単価がいくらになるのかは、どのような動画を投稿するのかによって 大きく変わってきます。

だから、チャンネル運営を開始する前に、どのような部分に気をつ ければ単価が上がりやすくなるのかをしっかりと学び、稼げるチャン ネル運営をしていくための土台を作りましょう。

では、広告単価を高くするためにあなたが意識しなければいけない 重要なポイントは、いったい何なのか？

それは、「ジャンル」と「動画の長さ」です。

ジャンル選びで報酬単価が変わる理由

まずは、ジャンルが広告収入に及ぼす影響を見ていきましょう。

なぜ、ジャンルによって広告単価が変わるのでしょうか？

それは、「広告主が広告を出稿したいジャンル」に偏りが発生するか らです。

第1章でもお話しした通り、YouTubeでの広告出稿はテレビとは違 い、広告を流す対象を細かく絞り込むことができます。年齢、性別、居 住地だけでなく、広告を流すジャンルまで広告主が選ぶことができる ので、自社の商品に関心がありそうな人たちが見ているジャンルに集 中して広告を出す傾向があります。反対に、そのジャンルに広告を出 しても売り上げに繋がらなかったり、それどころか企業のイメージを 損いかねないようなチャンネルへの広告出稿は、可能な限りしたくな いと考えるでしょう。

広告出稿料金は入札により決まります。

当然、広告単価は競争率の高いジャンルの方が高くなり、反対に人気のないジャンルは安くなってしまうのです。

報酬単価が高いジャンルと低いジャンル

報酬単価が高いジャンルと低いジャンルには、どのようなものがあるのでしょうか？

私の経験上、次のようなジャンルは報酬単価が高い傾向にあります。

●報酬単価が高いジャンル

考察、都市伝説、ゲーム実況、ビジネス
学習、車、歴史、美容、医療、料理、スポーツ

これらのジャンルであれば、1再生あたり0.35〜0.75円くらいの報酬を狙えます。なぜなら、広告と動画のテーマの相性が良く、広告を出稿したい企業がたくさんあるからです。

例えば、ゲーム実況のチャンネルにゲームアプリの広告が流れたら、当然、その広告に興味を持つ人が多いので広告の効果も高いですよね。企業イメージを損なうような動画も少ないので、広告主が安心して広告出稿ができます。

ではここで、「報酬単価の高いジャンルに取り組み、実際に収益化ができた場合の報酬」をシミュレーションしてみましょう。

◎ジャンル：ゲーム実況
◎動画投稿本数：100本
◎チャンネル登録者数：1000人
◎動画長さ：平均30分
◎1日の再生回数：2000回
◎1再生あたりの報酬：0.5円
◎推定月収：30000円

　あくまで私の経験ベースですが、今まで見てきたゲーム実況チャンネルの中で、実直に運営を続けてきた場合はこのような数値になる人が多いです。

　ゲーム実況は激戦ジャンルであり、運営の仕方にかなりの工夫が必要ですが、他のチャンネルと差別化をした上でノウハウを守って実践すれば、このようなチャンネルを育てることは可能なのです。

　ゲーム実況ではゲームのプレイを見せるため、他のジャンルと比べて動画の尺が長いのが特徴です。広告との親和性も高く、1再生あたりの単価は0.5円を超えることが多いです。よって、このまま運営を続けていくことで動画のストックも増え続け、たまにヒット動画が出てくれば収益はさらに上がっていくことが期待できます。

　反対に、次のようなジャンルは報酬単価が低くなりがちです。

●報酬単価が低いジャンル

アダルト、下ネタ、グロテスク、格闘技、乱闘
ドッキリ、キッズ

こちらは、キッズチャンネル以外は見る人によっては不快感を感じることもあり、広告主の企業イメージが下がってしまう恐れがあるので敬遠されがちです。1再生あたりの単価で言うと、0.05〜0.1円くらいがいいところでしょう。

　例えば、アダルトジャンルの場合は次のような動きをするケースが多いです。

◎ジャンル：アダルト
◎動画投稿本数：20本
◎チャンネル登録者数：3000人
◎動画の長さ：平均5分
◎1日の再生回数：5000回
◎1再生あたりの報酬：0.01円
◎推定月収：1500円

　基本的に、YouTube上でアダルトジャンルのチャンネルを運営すること自体がNGであり、内容によってはそもそも収益化の審査に通過すること自体が困難です。また詳しくは後述しますが、仮に通過した場合でも動画によっては広告がつかないこともあります。しかし、規約のギリギリのラインを攻めることで、上記のようなチャンネル運営をしている人は多いです。

　アダルトの他にも奇抜なテーマを扱うジャンルは、登録者は爆発的に増えやすく他のジャンルと比べて収益化のハードルをクリアするのは簡単かもしれませんが、それ以上のリスクを抱えることになるので、決して楽な道ではないということですね。

2-3　いくら稼げる？1再生あたりの収益単価の実情

キッズ系チャンネルは人気のわりに報酬がイマイチなケースも多い

　キッズチャンネルの場合は、不快感を感じる人は少ないですが、視聴者のメインが子供であるということが問題です。視聴者の大半は直接広告主の商品を購入することがないので、広告の効果が著しく下がってしまいます。

　「でも、パパやママが一緒に見ることを想定して、おもちゃや子供向け教材の広告を挿入すれば効果あるんじゃないの？」と思われるかもしれませんね。
　確かにそのケースもありますが、子供が動画に集中している間に自分の仕事を片付けるという使い方をしている人の割合も考慮すると、広告の効果は薄くなってしまう傾向があるのです。
　さらに、子供向けチャンネルの場合は投稿時に子供向けの動画であることを申告しなければならず、その設定によりつけられる広告が大幅に制限されてしまうという欠点もあります。

ジャンルによっては
収益化条件を満たさない場合も

　ジャンル選びで気をつけなければいけないポイントは、広告単価が高いか安いかだけではありません。YouTubeが定める収益化の条件を満たしていなければ、広告をつけることすらできないのです。場合によっては、動画をアップロードした後に個別の動画審査が入り、収益化の条件に合わない動画の広告は外されてしまいます。特にアダルト、暴力、暴言などの要素を含む動画は収益化できない可能性が高いです。

　収益化できているかどうかは、投稿者自身がYouTubeの管理画面（YouTube Studio）を見れば確認することができます。「収益化」の欄の$マークが緑色なら収益化対象。黄色なら広告表示なしとなっています。

図2-3-1　YouTubeの管理画面「YouTube Studio」の「コンテンツ」項目

> 「収益化」の欄の$マークが緑色なら収益化対象、黄色なら広告表示なしとなります。

2-3　いくら稼げる？1再生あたりの収益単価の実情　047

動画の長さ

　広告単価は動画の長さによっても大きく変わってきます。短い動画ばかり投稿していると、動画の前後や中間に流れる動画広告の本数が減ってしまうのです。

　ここで特に意識したいのは、動画の中間に流れる動画広告（これをミッドロール広告と言います）がつけられるかどうかです。

　ミッドロール広告をつけることができる動画の条件は、「8分以上の長さであること」です。そのため、8分を超えて動画の長さが長くなればなるほど広告をつけられる本数が多くなり、動画1本あたりで得られる報酬額も高くすることができます。

ただし、やみくもに動画を長くすれば良いというわけではありません。

　尺を伸ばすためにわざとゆっくり話したり、動画のテーマと関係ない話を入れたりすると、視聴者の満足度が下がり動画が試聴されなくなってしまうことにも繋がります。その動画を完結させるのに必要なだけの長さの動画を作り、その結果長尺の動画であることが望ましいということですね。

つまり、ここでも「ジャンル」が大事になってくるわけです。

ジャンルによっては、長尺の動画作成自体が難しいでしょう。例えば、歌を歌うチャンネルの場合は「歌以外の部分」が再生されにくいので、「曲の長さ＝動画の長さ」となり、それ以上長い動画にするのは無理がありますよね。

短い動画しか作れないジャンルに参入した時点で、収益単価が下がってしまうことにもなりかねないので注意しましょう。

2-3 まとめ

- 広告収益単価は、ジャンルと動画の長さによって変わる
- 広告と相性の良いジャンルは報酬額が高い
- 視聴者が不快感を感じるジャンルは報酬額が低い
- 8分を超える動画には、動画の中間にも広告を入れることができる

4 稼ぎ方は無限大！広告収入以外のマネタイズ

YouTubeの稼ぎ方は広告収入だけではない

　広告収入で得られる実際の金額を聞いて、あなたはどのように思いましたか？

　もしかしたら「意外に稼げる金額が少ないなぁ」と思った人も多いかもしれませんね。しっかり稼げるジャンルに参入して再生回数を得ることができれば、月100万円以上の報酬を稼ぐことも夢ではありませんが、かなりジャンルが絞られてしまいます。

では、広告収入以外の稼ぎ方ではどうでしょうか？

　無意識のうちに「YouTubeで稼ぐ＝広告収入」と思い込んでいる人が多いと思いますが、実はそれ以外の方法で稼いでいる人も大勢います。

　私は「YouTubeマスターD」というチャンネルを運営しているのですが、目的は広告収入ではなく、知名度や信頼度を上げることにあります。その結果、おかげさまで広告収入以上の収入を得られる事業を複数持つことができるようになりました。

　それでは、広告収入以外の「YouTubeを活用したお金の稼ぎ方」を見ていきましょう。

その1：企業案件

　企業がYouTubeで自社の商品を紹介したい場合、活用するのはYouTubeの動画で掲載ができる広告だけではありません。影響力のあ

るYouTuberに依頼して、自社の商品を紹介してもらうという方法でPRをすることがあります。YouTuberは、その際に報酬をもらうことができるのです。

　報酬金額は完全にケースバイケースですが、登録者100万人を超えるような有名YouTuberが紹介する場合は、1回で数百万円の金額が支払われることもあります。さすがに登録者数万人のチャンネルの運営者にそこまでの金額が支払われることはありませんが、チャンネルのジャンルによっては10万円を超えるような案件が来ることも珍しくありません。また一括で支払われるのでなく、「1再生あたり〇円」という報酬形態の場合もあります。
　==チャンネルの概要欄に連絡先を載せておけば、ある程度チャンネルが育ったところで企業から直接連絡が入る==ので、案件を受けたい人はメールアドレスかツイッターのURLを載せておきましょう。

注意！

　企業案件ばかりをやっていると、視聴者から嫌われることもあるので注意が必要です。万が一、あなたが紹介した商品が粗悪品だった場合、あなたの信頼に傷がつきかねないというリスクもあります。
　案件を受けるのであれば、本当に自分が心からおすすめできるものに限定し、頻繁に投稿することのないようにした方が良いでしょう。

その2：グッズ販売

　あなたのファンになっている視聴者が多いなら、あなた自身のグッズを作って販売することで利益を上げることも可能です。

例えば、パソコンや身の回りの便利なグッズなどを紹介するガジェット系YouTuberの場合、普段から良いものだけを厳選して紹介しているのであれば、「○○さんが紹介するものなら間違いない」と思ってくれているファンが多く定着しているはずです。

　そこで、その人自身がこだわり抜いて制作に関わったビジネスバッグを販売したらどうでしょうか？　多くの方が買ってくれるでしょう。普段から視聴者を大切に発信を続けていれば、そのような展開も可能なのです。

　他にも「筋トレ系YouTuberがアパレルを展開する」「メイク系YouTuberがオリジナルの化粧品を売り出す」といったケースもあります。

　もし商品を作るためのお金がないのなら、クラウドファンディングで資金集めをするという方法もあります。元手ゼロでも始められるので、チャンネルが育ってきたらチャレンジしてみても良いと思います。

その3：知識を売る

　販売できるのは、実際に物が存在するグッズだけではありません。あなた自身の知識を販売することも可能です。いわゆる「情報商材」ですね。

　情報商材という言葉を聞くと「詐欺なんじゃないの？」と敬遠する人も多いですが、最近はnoteというプラットフォームが普及してきたことで、あなたの信頼を保ちながら情報の販売をすることができるようになりました。

図2-4-1 知識の販売ができるプラットホームnote

　noteは、無料で利用することができるブログサービスのような作りになっており、指定した部分を課金性にすることができます。世間一般では知られていないようなとっておきの情報やノウハウを持っている人は、やってみることをおすすめします。

ただ、高額の値段設定をしたのにも関わらず中身がいい加減なものだった場合は、詐欺扱いされてしまうこともあるので注意してください。

その４：ビジネスへの誘導

　副業としてYouTubeに取り組む人で「既に自分のビジネスを持っている」という人であれば、集客ツールとしてもYouTubeは優秀です。私の場合はYouTubeのコンサルをしており、その集客方法はほぼ

YouTubeのみで行っています。

　通常の集客は、有料でメディアに広告を出稿することで行います。しかし自分のチャンネルで集客するのであれば、ほとんどお金がかからずお客さんを呼び込むことが可能です。しかも既にチャンネルのファンになってくれている人が利用するので、サービス内容についてもある程度理解してくれている場合が多いです。

　始まりはYouTubeの運営からでも構いませんが、その目的がお金を稼ぐことなのであれば、それは立派なビジネスです。そして、お金稼ぎの方法を広告収益だけに限定してしまう必要はありません。

　ぜひ、自分なりの「お金稼ぎの方法」がないかどうか、検討してみてくださいね。

- 広告収入は、YouTubeでの稼ぎ方の1つにすぎない
- YouTubeは、他社の商品を紹介したり、自分の商品をアピール/販売する場としても活用できる

第3章

YouTubeで
成功するための鍵は
「失敗しないジャンル選定」
にあり!

1 | ジャンル選びで9割が決まる！運営開始前のチャンネル設計

ジャンル選びの重要性

　第3章からはいよいよ、実践的なノウハウに入っていきます。

　YouTubeの運営を始めるにあたって最初にやらなくてはいけないことは、ジャンル選定とチャンネルの設計です。既に第1章、第2章の中でも、ジャンルの重要性については話してきましたよね。これだけ口すっぱく何度も言うのはなぜかと言うと、チャンネル運営を始めた後からでは、チャンネルの方向性を修正するのは難しいからです。ジャンル変更のリスクについては3-6で詳しく話しますが、適当にジャンルを決めて運営を開始してしまうと、かなりの確率で失敗することになるでしょう。

　だから、まずは「ジャンル選びがなぜ重要なのか」について、理解しておいてください。

好きなジャンルを選んではいけない

　YouTubeのジャンル選びでよくある失敗が、「自分が好きなジャンル」を選んでしまうということです。気持ちはわかるのですが、この選び方をすると「再生回数も登録者数も伸びず失敗」という展開になる可能性が非常に高い。

　確かに、自分が好きなジャンルの方が発信を続けていくモチベーションを保ちやすいですし、もし他に同ジャンルで発信している人がいなければ、その分野を独占できるかもしれないですよね。

　しかし、あなたが好きなことが一般の多くの人にも受け入れられる

保証はありません。

　例えば、石集めが趣味の人がいたとします。その人にとっては変わった形の石を集めるのが楽しくて仕方がないので、その楽しさをYouTubeで発信しようと思い「石ころチャンネル」を開設したら、あなたはそのチャンネルを見るでしょうか？

　おそらく、ほとんどの人が興味を持てないですよね。

図3-1-1　石ころの動画があっても、見る人はほとんどいなそう

　もしかしたら、あなたはこう思うかもしれません。

じゃあ、みんなも好きなジャンルだったら伸びるんじゃないの？

　確かに、みんなが好きなジャンルなら、そのジャンルの視聴人口は多いかもしれません。しかし、そのようなジャンルは既に多くのライバルたちが参入していて、需要よりも供給の方が上回ってる場合もあるので注意が必要です。

　例えば、ゲーム実況のジャンルはその傾向が顕著です。
　視聴人口も多いのですが、その分発信者の人数も多い。「自分が好きなゲームをやりながら、あわよくば収益化できたら最高！」という考えの元に参入したはいいものの、なかなか伸びずに多くの人が撤退し

てしまいます。既にプレイの上手な人や、トークが上手な人、面白いプレイスタイルの人たち、おまけに芸能人が支持を集めている中で、あなたが注目を集めるためには、それ以上に人を惹きつける何かを持っていないと見向きもされないのです。

視聴需要があり、さらに既存の運営者に打ち勝つ勝算のあるジャンルを選ぶ必要があります。

マネタイズしにくいジャンルもある

もしあなたが、視聴需要と競合性の問題をクリアできるジャンルを見つけられたとしても、その時点で参入を決めてしまうのも早いです。チャンネル登録者数も再生回数も伸びやすいジャンルであっても、マネタイズ（お金稼ぎ）がしにくいジャンルの可能性があるからです。

報酬単価が低かったり、そもそも収益化ができないジャンルであった場合、いくら頑張って視聴者を集めたとしても広告収入を得ることができません。

もちろん、広告収益が目的ではなく、商品の紹介や自分のビジネスへの誘導を目的にしているのなら、広告収益がなくても問題ないでしょう。しかし、実際にそこまで見据えてチャンネル運営をしている人は少なく、結局収益を得ることができずに活動を辞めてしまう人が多いのです。

例えば、キッズ系YouTuberは注意が必要です。広告収入の金額が少ない上に、そのジャンルから誘導できる親和性の高いビジネスモデルが少ないので、登録者数や再生回数が多い割に稼げていないという人が多いというのが現実です。

マネタイズのことを考えずに、とにかく話題を集めて登録者と再生回数を増やすため、なりふり構わず突き進むのはとても危険です。

以前、話題を集めた「遠藤チャンネル」をご存知でしょうか？不幸なニュースを不謹慎な形で紹介したり、不祥事を起こした有名人を擁護したりすることで、悪い意味で注目を集めたチャンネルです。でも今は、収益化どころかチャンネル自体が消されてしまいました。

もし残り続けていたとしても、信頼を失った状態では企業案件も来ませんし、自分でサービスを作っても売れ行きは期待できません。

倫理的に良くないだけでなく、マネタイズのことを考えてもマイナスにしかなりませんよね。

チャンネル運営の目的をはっきりさせる！

YouTubeの運営者あるあるなのですが、順調に再生回数と登録者数を伸ばしてきたにもかかわらず、途中で目的を見失ってしまう人がたくさんいます。そのジャンルの中ではかなり再生回数が多い方なのに、それ以上伸びなくなってしまい、満足のいく額の報酬を得ることができず途方に暮れてしまうのです。

YouTubeを始める人のほとんどが「稼ぐこと」と「好きなこと」を天秤にかけた時に、好きなことを優先させてしまう傾向があります。

　確かに、自分が好きなことの方が発信していて楽しいだけでなく、元々豊富な知識を持っているのでネタに困らないですよね。もちろん、報酬額は気にせずに自分が好きなことを発信するだけで満たされるのであれば、それでも良いと思います。

　しかし、副業として、ビジネスとして稼ぐために参入するのであれば、まずは稼げるジャンルを徹底的にリサーチし、それに合わせて自分の知識や技能をアップデートさせていくべきです。

　あなたの目的は、ただ登録者を集めることなのか、人気者になりたいのか、広告収入を得たいのか、自分のビジネスに誘導したいのか。一番大切なのはどれくらいのレベルを達成したいかという「目標」よりも、何のためにYouTubeの運営を始めるのかという「目的」の部分です。そこから逆算して、あなたが参入するべきジャンルはどこなのかを決めていく必要があります。

実は私(YouTubeマスターD)は、YouTubeのことが好きでこのような発信をしているわけではありません。プライベートでYouTubeを見ることはほとんどありませんし、バズっている動画の何が面白いのかわからないこともしょっちゅうあります。

でもだからこそ、自分自身がのめり込んでいるわけでなく客観的に分析できるからこそ、YouTubeのプロデューサーという仕事ができているのかもしれません。

冷めているように聞こえるかもしれませんが、それでもYouTubeや動画を使ったビジネスには大きな可能性を感じていますし、自分の発信を待ってくれている人がいると思うと、これからも頑張ろうと思えます。

好きなこととお金稼ぎの両方ができたら素敵だと思いますが、無理にどちらも両立させようとするとうまくいきません。お金を稼ぐことを優先するのであれば、好きなことは一旦置いておきましょう。

3-1 まとめ

- ジャンル選定はYouTube運営における最重要項目
- 好きなジャンルを優先すると、稼げないチャンネルになる可能性がある
- 視聴需要とライバルの強さを、必ずチェックしておくこと
- チャンネルの目的がはっきりしていないと、中途半端な結果になる可能性が高い

2 稼げないジャンルの共通点とは？

具体的な「稼げるジャンル」の提示はできない

　YouTube運営をするための目的設定ができた人は、どんなジャンルに参入すれば良いのかを考えていきましょう。

　本当なら、私がいくつか稼げるジャンルをピックアップして「このジャンルが稼げますよ！」と教えられれば楽なのですが、残念ながらそういうわけにはいきません。なぜなら、稼げるジャンルを公の場で発信すると、それを元に沢山の人が真似してすぐに飽和してしまう可能性が高いからです。

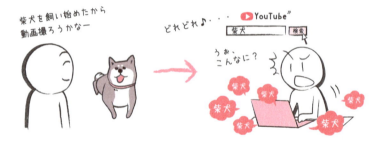

　それに、誰かから稼げるジャンルが何かを聞くだけだと、自分で稼げるジャンルを探す力が身につきません。だからぜひ、自力で稼げないジャンルと稼げるジャンルの特徴を理解し、自分がどのジャンルに参入するべきなのかを判断できる力を身につけましょう。

　まずは「稼げないジャンル」の共通点についてお話しします。
　次の特徴に当てはまっているジャンルは、稼げない可能性が高いです。

①有名人以外の「再生回数が多い動画」が見つからない
②長期間まともに運営しているのに、伸びていないチャンネルがある
③広告がついていないチャンネルが多い
④商品が売りにくい

では、1つずつ詳しく見ていきましょう。

①有名人以外の再生回数が多い動画が見つからない

　これから参入しようと思っているジャンルの需要があるかどうかを調べる時に、ほとんどの人がYouTube内で検索をかけると思います。ゲーム実況をしたい人であれば、「ゲーム実況」と検索したり、ゲーム名を入れて検索したりしますよね。その検索結果に再生回数が高い動画がたくさんあれば、需要のあるジャンルだと判断できると思うでしょう。

探し方としては、それで間違っていません。

　しかし、そこで出てきた動画が有名YouTuberや芸能人のチャンネルのものばかりであった場合は、それだけで判断することはできません。

　例えば、あなたが「ペヤングやきそば」だけをレビューするペヤング系YouTuberを目指したとします。そして、YouTubeの検索窓に「ペヤング」と入れて検索すると、上位の方にははじめしゃちょーさんやヒカキンさんなどの有名YouTuberの300万回以上再生されている動画が見つかるはずです。

3-2　稼げないジャンルの共通点とは？　　063

図3-2-1 「ペヤング」で検索した上位の結果

　しかし、これだけで「ペヤングジャンルはいける！」とは判断できません。
　そのまま検索結果の下の方を見てください。ほとんど登録者がついていないYouTuberの、全然再生回数の上がっていないペヤングネタの動画が沢山見つかるはずですから。

図3-2-2 「ペヤング」ジャンルの伸びていない動画

とはいえどの動画も、サムネイルもタイトルも悪くありませんし、投稿の仕方が間違っているということもないようです。つまり、「動画の内容自体がゴミだから、登録者がついてないし再生回数も低い」ということではないわけです。

このことから、何がわかるでしょうか?

そう、有名人たちの間でペヤングネタが流行っていたからといって、無名の一般人が同じことを真似しても、再生回数が上がるとは限らないということですね。

既に登録者が沢山ついている芸能人や有名YouTuberたちは、基本的に何をやっても一定数以上の再生回数を得ることができます。なので、彼らのペヤングネタの再生回数が上がっているのは、ネタが良いのではなく、彼ら自身が出演していることに価値があるだけなのかもしれません。さらに、このネタが有名人たちの間で流行ると、他の無名のYouTuberたちの中でも同じネタを扱う人数が爆発的に増えてしまいます。

YouTubeの再生回数を上げるための大切な要素の1つに「他の動画の関連動画に載る」ということがありますが、同じネタを扱うYouTuberが無数にいた場合、あなたの動画が誰かの関連動画に載るチャンスは大幅に下がります。

登録者数が少ない人でもある程度再生回数を得られているジャンルでなければ、参入を決めるのは危険なのです。

②長期間まともに運営しているのに、伸びていないチャンネルがある

ジャンル自体の需要を調べるためには、既にそのジャンルに参入している古参のYouTuberを参考にするのが一番です。先行者の運営状

況を見れば、自分が同じジャンルに参入した場合にどれくらいの登録者数や再生回数を狙えるのかの見当がつきます。

もし、彼らのチャンネルがそれほど伸びていないのであれば、それがそのジャンルの天井なのだと思った方が良いでしょう。

私のチャンネル「YouTubeマスターD」では、YouTubeの攻略情報の発信を2020年1月から本格的に始めました。その時に、既に同じジャンルで運営されていたのが「動画集客チャンネル」さんです。既に200本以上動画投稿をされていて、その時の登録者数は5万人くらいでした。

その時点で私は、このジャンルではいくら頑張っても登録者数は数万人が限度であり、何十万人もファンをつけるのは不可能だということを確信しました。そもそも、日本人の中でYouTubeを視聴する人は沢山いますが、運営に興味がある人の割合はかなり少ないですよね。

どんなジャンルにも言えることですが、チャンネルを伸ばせる上限は確実にあると思ってください。

なお、集客を目的としているならそれでも構いませんが、もし高額の広告収入を狙っているのであれば、あまりニッチすぎるジャンルを狙うと早いうちに頭打ちになってしまう可能性があるので注意が必要です。

③広告がついていないチャンネルが多い

第2章で収益化条件についての話をしましたが、登録者1000人を超えていて、総再生時間も4000時間を超えているはずなのに、なぜか広告がついていないチャンネルを見かけることがあります。だから、もし同ジャンルの他のチャンネルを見ても同じように広告がついていないことが多ければ、参入するのはおすすめしません。

詳しくは第6章でお話ししますが、YouTubeのガイドラインに具体的に明記されていなくても、収益化できないチャンネルがあります。

例えば、最近爆発的に参入者が増えた「切り抜き動画」というジャンル。ひろゆきさんやメンタリストDaigoさんなどの動画の一部を切り取り、テロップをつけるなどの簡単な編集をしただけの動画です。

図3-2-3　切り抜き動画

ひろゆきさんやメンタリストDaiGoさんは、2時間以上の質疑応答をするライブ配信をすることもあり、多くの視聴者は全てを見るのを面倒に感じてしまいます。でも、切り抜き動画だとトピックごとに分かれていて、テロップやカットで見やすい状態にしてあるので人気があるのです。

著作権的には、元の動画の発信者が許している限りは問題ない運営手法なのですが、たまに別の切り取りチャンネル運営者が同じ部分を切り取った動画を投稿していることがあります。そして、YouTubeのシステムは似たような動画が複数存在する場合、「繰り返しの多いコンテンツ」として広告掲載の審査に通さない可能性が高い。結果として、このジャンルでは収益化できていないチャンネルが散見されます。また、中には収益が剥奪されているものがかなりの割合であります。いくら再生回数や登録者数を多く稼げたとしても、それが収益に繋がらなければ意味がありません。

④商品が売りにくい

　広告がつかなくても構わないから、とにかく自分で開発した商品やサービスを売りたいという人も多いでしょう。もしそのような展望を持っているのであれば、きちんと採算がとれるかどうかを計算しなければいけません。

　例えば、次のようなパターンの場合、稼ぎはいくら位見込めると思いますか？

◎登録者数：5000人
◎平均再生回数：500回
◎商品の販売単価：500円
◎商品の仕入単価：300円

　この場合、商品が1個売れると200円の儲けがあります。それが何個売れるかで、あなたが受け取れる金額が決まるわけです。

　その商品を紹介した動画が、普段と同じように500回再生されたとしましょう。すると、試聴してくれた人全員が購入してくれたとしても、利益はMAXで10万円にしかなりません。販売する商品のジャンルや購入のハードルにもよりますが、商品の購入数は、再生回数の10分の1いけば良い方なので、あらかじめ想定できる儲けとしては1万円がいいところです。

図3-2-4　最終的な利益目標を設定しないと稼げない

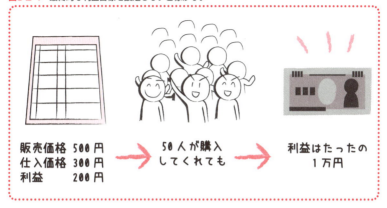

さらに言うと、配送のコストや梱包の手間なども考えないとダメ。

これでは、とても採算が合いません。

　広告収益以外に「商品やサービスの販売」を視野に入れている場合は、それが商売として成り立つかどうかもあらかじめ検討しておく必要があるのです。

3-2
まとめ

- 登録者数が多い人の再生回数は参考にならない
- 長期間運営していても伸びていないチャンネルがある場合は、視聴需要が無い可能性あり
- ジャンルによっては広告掲載ができないケースもある
- 商品販売で稼ぐつもりなら、いくらの売り上げが見込めるか事前にシミュレーションすべき

3 稼げるジャンルの共通点とは？

稼げるジャンルは存在する！

　ここまで「稼げないジャンル」について色々と話してきましたが、もしかして、あなたが参入しようと思っていたジャンルも当てはまっていたのではないでしょうか。あれもダメこれもダメと言われて、結局稼げるジャンルなんて無いのではないかと落胆している人もいるかと思いますが、大丈夫です。

稼げるジャンルは間違いなく存在します。

　稼げるジャンルとは、一体どのようなものなのか？
　ここでは、多くの稼げるジャンルに共通する特徴についてお話しします。ただし、YouTubeの成功の仕方には色々なパターンがあり、全てに当てはまっていないと稼げないというわけではありません。当てはまっているものが多いほど、稼げる確率が高いものだという認識で読み進めてくださいね。
　稼げるジャンルの共通点をまとめると、次のようになります。

①登録者数に対して再生回数が多い
②長い動画でも再生される
③制作コストがかからない
④制作に手間がかかる
⑤キャラに依存しない

070　第3章　YouTubeで成功するための鍵は「失敗しないジャンル選定」にあり！

①登録者数に対して再生回数が多い

チャンネル登録者が多い人と少ない人のチャンネルを比較すると、「登録者数が多いチャンネルの方が、再生回数が上がりやすい」という傾向があります。

では、なぜ登録者数が多い方が、再生回数が上がりやすいのでしょうか？

それは、==チャンネル登録をしたチャンネルの新着動画が「登録チャンネル」の中で表示されるから==です。

図3-3-1　チャンネル登録をすると「登録チャンネル」に表示される

> 視聴者が登録をしたチャンネルは「登録チャンネル」の欄に必ず表示されます。

YouTube視聴者の中には、登録済みのチャンネルの動画しか見ないという人も多く、そのチャンネルの動画が投稿されたら、どんな内容でも必ず視聴するという人もいるくらいです。そのため、登録者数が多いチャンネルでは、動画を投稿したらどんな内容であっても再生してくれる視聴者は一定数存在するのです。

しかし、登録者が少ないチャンネルでは、そういうわけにはいきま

せん。「必ず再生してくれる視聴者」がいないので、毎回おすすめ動画、関連動画、検索で新規の視聴者を集めるしかありません。

つまり、チャンネル登録者数が少ないのにもかかわらず再生回数が多いチャンネルは、これからさらに成長するポテンシャルを秘めている可能性が高いということです。

　需要がないジャンルのチャンネルや、成長が一段落つき登録者の増加が緩やかになったチャンネルは、動画を投稿して1週間以上経っても登録者数の10分の1程度しか再生されないことが多いです。

　反対に、視聴需要があり現在も伸び続けているジャンルのチャンネルは、登録者数に対して動画1本あたりの視聴回数が2分の1を超えているものばかりです。

　だから、もしそのようなチャンネルを見つけたら、必ずマークしておくことをおすすめします。

図3-3-2　登録者数に対して再生回数が多いチャンネルはマークしておこう

登録者数に対して動画の再生回数が多いチャンネルは、新規の視聴者の割合が多い可能性が高いです。

②長い動画でも再生される

　視聴時間が長い動画は、YouTubeから高く評価される傾向があります。しかし、ジャンルによっては尺の長い動画を作るのが難しい場合もあるでしょう。

　例えば、「歌ってみた」のジャンルの動画に対して、視聴者が期待しているのは歌の部分です。でも、歌の前後にダラダラと長いトークの部分があったらどうでしょう？ ほとんどの人がその部分を飛ばして歌だけを見るか、その動画自体を閉じてしまうのではないでしょうか。

図3-3-3　「歌ってみた」ジャンルは尺を長くしにくい

「歌ってみた」の動画に視聴者が求めるのは、実際に歌っている部分。尺を伸ばすためのトークは逆効果です。

3-3　稼げるジャンルの共通点とは？

一方、レクチャー動画のように難しいものを易しく解説するジャンルであれば、ある程度尺が長くても、視聴者は離脱せずに長時間視聴する可能性が高くなります。

　第2章でもお話ししたように、動画の長さが長い方が、挿入できる広告の数を多くできます。また、試聴時間を長く保つことができる動画は、YouTubeからの評価も高くなり、おすすめ動画や関連動画として紹介される頻度も高くなる傾向があります。
　絶対に必要な条件というわけではありませんが、長い動画を作っても視聴されやすいジャンルは、伸びやすい傾向があると思って良いでしょう。

図3-3-4　レクチャー動画は尺を長くしやすい

何かを解説する場合、細かいところまで丁寧に解説することで自然に尺を伸ばすことができます。

③制作コストがかからない

　あなたがYouTubeを使って稼げる金額は、100％あなたの利益にな

るわけではありません。利益とは、報酬額から制作にかかった経費を差し引いたものを指します。つまり、いくら高額の報酬を得られたとしても、経費に多額の費用がかかってしまう場合は、そのジャンルは稼げないジャンルということになってしまいます。

　特に商品のレビュー動画を投稿している人の場合、金額が高いものを中心にレビューをすると、広告収益で元を取るのが困難になってきます。例えば、新作のパソコンや周辺機器をレビューするチャンネルを運営していたら、毎回動画を撮るたびに万単位のお金がかかってしまいますよね。案件収入やアフィリエイト報酬も合わせて得ることができるものでないと、チャンネルの継続自体が難しくなってくるでしょう。

　それと、多くの人が勘違いしがちなのですが、高いお金をかけて高性能カメラや高性能パソコンを使って動画を作れば、それに比例して稼げる金額も高くなるというわけでもありません。

　単純にいくら報酬が得られるかだけでなく、トータルでいくらの利益が見込めるかという部分も含めて、費用対効果の高いジャンルが「稼げるジャンル」だということを忘れないでください。

④制作に手間がかかる

　人間はどうしても、楽をしたくなる生き物です。YouTubeでの活動をする際も、できる限り手間を減らして配信していきたいという気持ちになるでしょう。

　もちろん、中には比較的楽に制作をしながら大きい金額を稼ぐことができるジャンルも存在します。しかし、そのようなジャンルは一度ノウハウが流出すると、一気に稼げないジャンルへと転落してしまうリスクがあるのです。

　一方、制作に手間がかかる動画は違います。

手間がかかる動画は、もし真似をしようとしても再現するのは困難です。また、視聴者がやりたくてもできなかったことをあなたが解決することにもつながる動画が多いので、視聴需要も高い。特にレクチャー系の動画の場合、表面を撫でただけの薄い情報発信ではなく、細かいところまで詳しく調べ上げ誰にでもわかるようにやさしく詳しく解説している動画の方が、需要が高いです。

　誰かが発信した内容の二番煎じの情報発信や、片手間で誰でも作れてしまうジャンルではなく、あなたの地道な努力によって初めて作り出すことができるようなジャンルの方が、希少性が高く稼げる可能性が高いのです。

図3-3-5　著者のチャンネルも手間がかかっている動画は再生数が上がりやすい

手順を細かく説明する動画は実際にパソコンやスマホを操作しながら説明をしなければいけないので、ただ喋るだけの動画と比べて手間がかかっています。

⑤キャラに依存しない

　ごく稀に、飽和していると思われるジャンルの中で爆発的に人気が出るYouTuberがいます。しかし、そのような新星に憧れて同じジャンルに参入することはおすすめしません。100％に近い確率で失敗してしまうからです。
　では、なぜ飽和しているはずのジャンルで、彼らは一気にチャンネルを成長させることができたのでしょうか？

それは、彼らにしか無いキャラクター性によるものです。

　常人離れしたルックス、身体能力、身体的特徴、特殊技能、トーク技術などを持っているからこそ、既にそのジャンルを開拓していた強豪YouTuberたちを上回って活躍できているのです。

　要は、彼らだからできたことであって、他の一般人が同じようにやろうと思っても簡単にできるものではないのです。その人特有のキャラクター性に依存することで、初めて花開くことができるジャンルは再現性がありません。

　だから、絶対におすすめできないのです。

3-3 まとめ

- ●登録者数と再生回数の比率をチェックする
- ●尺が長い動画を作りやすいかどうかも確認する
- ●かかる経費と稼げる金額は比例しない
- ●手間がかかる動画は、真似されにくく伸びやすい
- ●キャラが強い人は参考にならない。再現性の高いジャンルを探すべき

4 | 失敗しない 「稼げるジャンル」の選び方

チャンネル運営をする目的を設定する

　稼ぎやすいジャンルと稼ぎにくいジャンルの特徴について確認できたら、いよいよあなたが参入するジャンルを探していく段階に入ります。

　ここで重要になってくるのが、あなたの「チャンネル運営をする目的」です。

　「お金を稼ぎたい」というのは皆さん共通している目的だとは思いますが、とりあえずチャンネル登録者数や再生回数が上がりそうなジャンルを選ぶだけだと、後から色んな試みをしようと思っても方向修正が難しい可能性が高いです。だから、少なくとも次の項目だけは、自分の中でブレないようにしっかり決めてからジャンルを選んでいきましょう。

　なお、この作業は紙に書き出しておくことをおすすめします。

需要が高そうなテーマを探すアンテナを張る

　自分の中でチャンネルの目的設定ができたら、とにかく片っぱしからどんなジャンルなら参入できるかを書き出していってください。

　普段生活していると、自然といろいろな情報が勝手に入ってきます。テレビ、新聞、雑誌、電車内の広告、書店、通行人の持ち物、会社内の雑談など、いつもの生活の中では無意識に情報が入ってきている状態です。気に止めていないと、ただの雑音として流れていってしまうだけですが、そこにアンテナを張ることで、今の世の中ではどのような属性の人たちにどのような情報が求められているのかがわかります。

例えば、2021年は「うっせぇわ」という曲が大流行し、街中の至る所でこの曲が流れています。ここから「流行の歌をカバーするのはどうだろう？」とか「この歌手のファンチャンネルは？」など、いろんなチャンネル案が出てきますよね。

　まずはこのように、色んなアイデアを収集するところから始めることで、ジャンル選定の選択肢を増やしてください。

　ちなみに、私は仕事柄、日常生活の中では常にこのアンテナを張る癖が身に付いており、なんとなく良さそうだと思ったものはその場でメモしておくようにしています。

図3-4-1　世の中の情報に対して全方位でアンテナを張っておく！

需要と供給を確認する

　アイデアがたくさん集まったら、次はこれらのジャンルのコンテンツに需要があるのか、また既にそのジャンルでの発信はどれくらい行われているのかを調べていきましょう。一番手っ取り早い需要と供給の確認の仕方は、実際にYouTubeで検索をかけてみることです。

　例えば、YouTubeの検索窓に「ダイエット」と入れて、検索をかけてみてください。

注意！　リサーチの時は「シークレットウィンドウ」で検索しましょう。
いつも使っているアカウントでログインをした状態

で検索をかけると、あなたの視聴傾向に合わせて結果が表示されてしまいます。でも、リサーチをする際は「他の人と同じ条件で検索した結果」が知りたいので、ログインしていない状態で検索しないと意味がないのです。

　YouTubeをログアウトして検索をしても構わないのですが操作が面倒なので、Chromeを使っている人であれば「シークレットウィンドウ」を使ってリサーチをすると、ログアウトした状態での検索ができます。

　なお、シークレットウィンドウの呼び名はブラウザによって異なります。サファリなら「プライベートウィンドウ」、Firefoxなら「プライベートブラウジング」というモードを使ってください。

　検索結果が表示されたら、古い動画だけでなく、最近もそのジャンルが視聴されているのかが知りたいので、「フィルタ」を使って最近の動画だけ表示されるようにしましょう。「今月」で絞り込みます。それと、最初の設定のままだと表示順が「関連度順」になっているのですが、これは「視聴回数」に切り替えてください。

図3-4-2　「ダイエット」で検索して期間の絞り込みと並び替えを行う

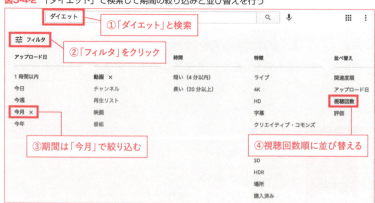

この設定に変えることで、今月投稿された「ダイエット」に関係する動画が再生回数順に並び替えられます。

　ここで見ていただきたいのは、検索結果の上の方ではなく、真ん中から下の方です。なぜなら検索結果の上の方には芸能人や既に人気のある有名YouTuberが投稿したチャンネルで埋め尽くされているからです。

図3-4-3　新規参入者には検索上位のチャンネルは参考にならない

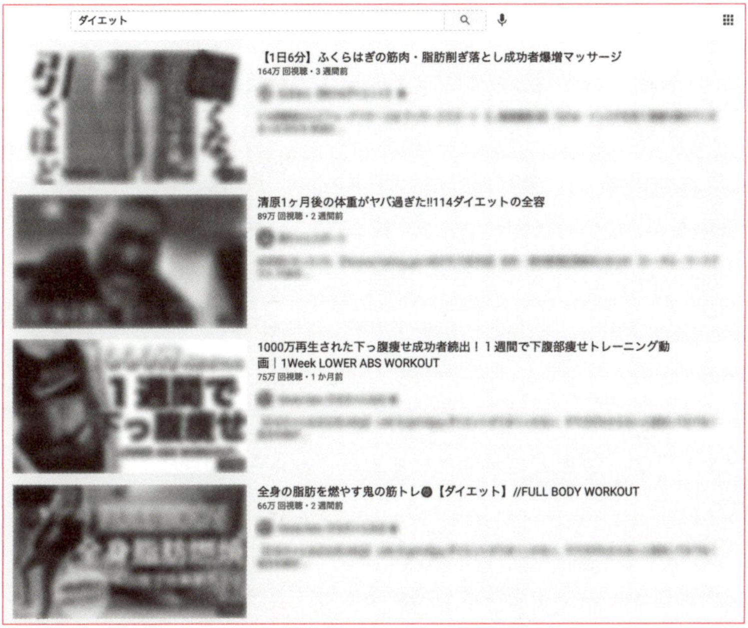

芸能人や既に人気のある有名YouTuberのチャンネルは、新規参入する人の参考にはならないので除外し、できるだけ運営歴が浅く登録者数が少ないチャンネルの再生回数を見てください。本来の需要と供給のバランスを知ることができます。

　上位の有名人たちの動画が表示されているゾーンを抜けたら、そこから順番にチャンネルを見ていきましょう。その中で、次のような共通点があるチャンネルをピックアップしていきます。

3-4　失敗しない「稼げるジャンル」の選び方　　081

・登録者数が100人〜10000人であること

・ジャンルは1つに統一されていること

・運営歴が2ヶ月以上経過していること

・既に10本以上投稿していること

その結果、例えば次のようなチャンネルが見つかったとします。

	運営歴	投稿本数	登録者数	平均再生回数
チャンネルA	2年	27本	164人	15回
チャンネルB	2年	350本	176人	30回
チャンネルC	5ヶ月	35本	463人	100回
チャンネルD	2年	500本	2780人	800回
チャンネルE	1年半	105本	6070人	1000回

　検索結果としては膨大な量のチャンネルが見つかると思いますが、スタートアップの人の参考になるのはこれくらいの規模のチャンネルです。

　さて、あなたはこの結果を見て、どのように感じますか？

　順調にチャンネルを伸ばせているのは、チャンネルCとチャンネルEの2つだけです。他の3つのチャンネルは、運営歴や投稿本数の割には伸びがかなりゆるやかですよね。とはいえ、一番成長しているチャンネルEでも、1ヶ月にもらえている報酬額は1万円に達していないでしょう。

　つまり、このデータを見る限りでは、「ダイエットというジャンルに参入することは得策ではない」という判断ができるわけです。早々に見切りをつけて、次のジャンルのリサーチに移行すべきです。

稼げるジャンルは地道に調べるしかないのか

　このように、ジャンル選定は一つひとつ精査していくことでやっと見つけることができるという地道な作業です。でも実は、ツールを使えばもっと簡単に稼げるジャンルを探すことが可能なのです。

　例えば、「NoxInfluencer（ノックスインフルエンサー）」というツールがあります。このツールを使うと、今急上昇しているチャンネルの上位100位までを見ることができます。

　使い方ですが、「ランキング」メニューの中から「登録者増加率ランキング」をクリックします。

図3-4-4　「NoxInfluencer」（https://jp.noxinfluencer.com/）

　すると、最近急激に登録者数が伸びたチャンネルが一覧で表示されます。この中には芸能人やテレビ番組の公式チャンネル、有名なティックトッカーも含まれるので、それ以外のチャンネルをピックアップして、そのジャンルをリサーチすればかなりの高確率で当たりのジャンルを探し出すことができます。

3-4　失敗しない「稼げるジャンル」の選び方

「最初から、このやり方教えてくれればよかったのに」という人も、いるかもしれませんね。

でも、別に意地悪をしたかったわけではありません。実は、この方法で伸びるジャンルを探すのは諸刃の剣なのです。

なぜなら、このデータは誰でも見ることができるから。

ということは、同じジャンルのチャンネルの参入者が一気に増える可能性もあり、急激に飽和する可能性が高いジャンルだとも言えるわけです。まさに、諸刃の剣ですよね。

図3-4-5　登録者数増加率を見る方法

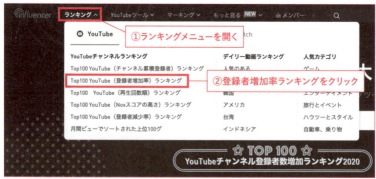

3-4 まとめ

- 日頃から、どんなジャンルがあるかアンテナを張っておく
- ジャンルの需要と供給は、自分より少し先輩のジャンルを参考にする
- 「NoxInfluencer（ノックスインフルエンサー）」を使えば、急上昇しているジャンルがすぐに見つかる（デメリットもある）

5 | 広すぎるジャンルはNG!
専門性が大事

なんでも屋は何者でもない

ジャンル選定の際に、どれくらいの広さのジャンルを扱うかということも悩ましいですよね。そんな時、多くの人は「あまり狭すぎると見てくれる人が減ってしまう」と思い、余裕を持って広めにジャンル設定しておきがちです。

例えば、3-3では「ダイエット」というジャンルの需要を調べました。確かに広いくくりにしておけば、老若男女広い属性の人たちを囲い込めそうです。もし「マッチョを目指す男性向けダイエット」のように狭いジャンルに絞ってしまったら、それ以外の人たちを取りこぼしてしまいそうですよね。

しかし、あなたのチャンネルに濃いファンをつけるためには、ジャンルは狭ければ狭いほど良いのです。あなた以外の参入者がいない完全なブルーオーシャンのジャンルでない限りは、絶対に広いジャンルを設定してはいけません。

例えば、あなたがカレーライスを食べたかったとして、次のような2つのお店があったらどちらのお店に入りますか？

A店：カレー専門店。カレー一筋でこだわり抜いてます！
B店：なんでも料理店。和食、洋食、中華何でも作ります。
　　　カレーもあり！

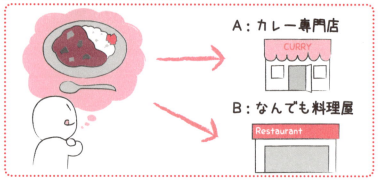

図3-5-1　カレーを食べたい時、どちらの店に行く？

　カレー目当てでお店を探している人なら、間違いなくA店を選ぶでしょう。なぜなら、カレーが目当てのあなたにとって、カレー以外のものは必要なく、A店の方が1つのメニューに絞って特化しているだけに、カレーに関しては信頼性が抜群に高いからです。

　このように、「何でもできる」ということをセールスポイントにすると、結局何が得意なのかがわからず、何も求められない存在になってしまう可能性が高いのです。

　もちろん、色々なジャンルを取り扱うことで大成功を収めているAmazonのような企業もあります。しかし、実はAmazonも元々は「本をインターネット上で販売する」ことだけに特化したビジネスを行っていました。

　とはいえ、将来的にスケールアップしたいからといって、壮大なコンセプトでチャンネルを始めるのはおすすめしません。

専門性の高いチャンネルが評価される

　YouTubeの親会社であるGoogleが作成したガイドラインの中に、E-A-Tという概念があります。これは、Expertise（専門性）、

Authoritativeness（権威性）、Trustworthiness（信頼性）の頭文字をとったものであり、コンテンツを評価する際に重視されるポイントです。様々なジャンルを広く浅く取り扱っているよりも、1つのジャンルに対して深く突っ込んでいる方が高く評価されるのです。

これはあくまでGoogleのガイドラインで謳われていることですが、子会社であるYouTubeでも、これらの指標は重視されている可能性は高いと言えるでしょう。

実際にYouTubeのアルゴリズム上でも、専門性が高い方が評価が上がりやすい仕組みになっています。具体的には、広すぎるジャンルのチャンネルは「インプレッションのクリック率」の指標が下がってしまうのです。

インプレッションとは、あなたの動画のサムネイルが視聴者の画面上に表示される回数のことを言います。おすすめ動画や関連動画、検索などの機能で画面に表示されるだけで、インプレッションとしてカウントされます。そして、インプレッションされた動画の中でクリックされた数が多ければ多いほど、「インプレッションのクリック率」が高くなるというわけです。

つまり、チャンネルのジャンルが広すぎると「Aの動画は見たいけど、Bの動画には興味ない」という人が増え、「おすすめに表示はされるけど視聴されない」という状態になり、YouTubeからの評価が下げられてしまうのです。

図3-5-2　インプレッションのクリック率とは

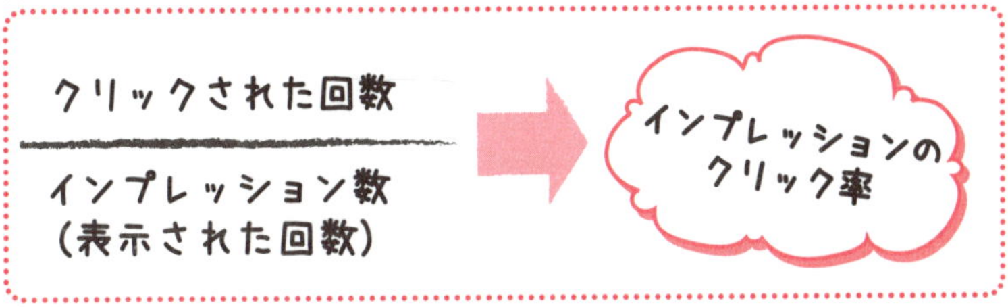

$$\frac{\text{クリックされた回数}}{\text{インプレッション数（表示された回数）}} \rightarrow \text{インプレッションのクリック率}$$

視聴者の属性を絞り込む

　広すぎるジャンルはNGだとはいえ、ただジャンルを狭めれば良いわけでもありません。どんな人に向けて発信するのかを明確に意識しなければ、インプレッションのクリック率が改善することはないでしょう。

　例えば、ダイエットのジャンルは広すぎるからと言って、安易に「食事制限」だけに絞るというだけでは、それこそ取りこぼしがあるかもしれません。糖質制限ダイエットについて発信した後に、脂質制限ダイエットのレシピを紹介しても、それぞれ興味がある人は違いますよね。

　このような間違いを犯さないようにするために、ジャンルを絞る際には視聴者の属性を絞ることに意識を向けると失敗を避けることができます。

これを「ペルソナ設定」と言います。

　そのチャンネルの視聴者の性別、生活週間、仕事、悩み、目的などをある程度イメージし、その人だけのために発信をするように意識するのです。これにより、視聴者の心に刺さる動画が作れるようになります。

図3-5-3　そのジャンルに興味がある人はどんな人かを明確に設定する

> **ヒント!** あまりジャンルを絞りすぎると、稼げる金額が減るのでは？
>
> 　確かに、リサーチをしているとジャンルごとの上限の再生回数や登録者数が大まかに見えてくるので、実際に広告報酬だけでは稼げないジャンルだということがわかってしまうケースもあるでしょう。でもそこで切るのではなく、広告報酬以外にも、自分で商品やサービスを販売することができるジャンルかどうかも合わせて検討してみてください。実は、商品を売る場合は、ジャンルを絞ってターゲットをはっきりさせて発信した方が、制約率が高くなる傾向があるのです。

3-5 まとめ

- ジャンルを狭めて専門性を高めることで、視聴者を惹きつけることができる
- ジャンルが広いと、インプレッション（表示回数）に対するクリック率が低下し評価が下がる
- 特定の1人の人物像（ペルソナ）を設定することで、ターゲットに刺さる動画が作れるようになる

6 ジャンルがブレると チャンネルは崩壊する

一度決めたジャンルは変更してはいけない

まだチャンネルを作ってすらいませんが、ジャンル選びがYouTube運営の中で最も重要な要素です。だから、後悔の無いように「コレだ！」というものを決めておきましょう。

でも、ダメだったら後からジャンル変えたらいいのでは？

こんな声も聞こえてきそうですが、途中でチャンネルのジャンルを変えることだけは絶対にしてはいけません。修正可能な失敗であればいくらでもやった方が良いと思いますが、ジャンル変更だけは、後から取り返しのつかない失敗になりかねないのです。

登録者が求める動画は何なのか

なぜ、途中でジャンル変更をしてはいけないのでしょうか？
それは、あなたのチャンネルを登録をしてくれた人は、他のジャンルには興味がないからです。

例えば、あなたがお金を稼ぎたい人に向けて「仮想通貨」に関するチャンネル運営を続け、ある程度登録者数が増えてきたとします。当然ですが、チャンネル登録をしてくれる視聴者さんは、あなたのチャンネルを視聴するという共通点はありますが、それぞれ別の生活を送っています。ゴルフが趣味のサラリーマンの人もいれば、家事に追われる主婦の人もいるかもしれません。

そこであなたが自分の趣味である「ゲーム」についての動画を投稿したら、視聴者の人はどう思うでしょうか。ほんの一部の「仮想通貨

とゲームの両方が好きな人」以外は、視聴してくれない可能性の方が高いですよね。

図3-6-1　ジャンルを変えると既存の視聴者は見てくれない可能性が高い

　チャンネル登録者数が増えてくると、自分自身にファンがついていると思い込んでしまう方がいます。それも間違いではないのですが、大多数の人は「仮想通貨について発信しているあなた」のことが好きなので、他のジャンルの発信をすると既存のファンが離れてしまうリススクが発生すると思ってください。

ジャンルがブレると、YouTubeからの評価も悪くなる

　3-5でもお話ししましたが、「インプレッションのクリック率」という重要な指標があります。ジャンルがしっかり統一されていないと、この数値がガクッと下がり、試聴されなかった動画は登録者にとって需要がないと判断され、YouTubeから他の視聴者に対しておすすめに表示される回数（インプレッション）も下がってしまいます。その結

果、あなたが新しいジャンルにチャレンジしたとしても、それが既存の視聴者からも YouTube からも受け入れられることはなく、さらには新規の視聴者も呼び込めなくなってしまうという悪循環ができてしまうのです。

でも、ジャンル変更してからしばらく続けていれば、改善されていくんじゃないの?

とんでもないです。

ジャンル変更したチャンネルで運営を続ければ続けるほど、状況は悪化していきます。最悪の場合、そのチャンネルではどんな動画をアップしても評価が上がらないという最悪なケースもあり得るのです。

それはなぜか?

想像してみてください。最初のジャンルでついた登録者と、ジャンル変更後についた登録者の両方が混在している状況を。先ほどの例で説明すると、仮想通貨に興味がある人たちはゲームの動画は視聴せず、ゲームに興味がある人たちは仮想通貨の動画を視聴しなくなってしまいます。

図3-6-2 興味対象が異なる登録者が混在すると…?

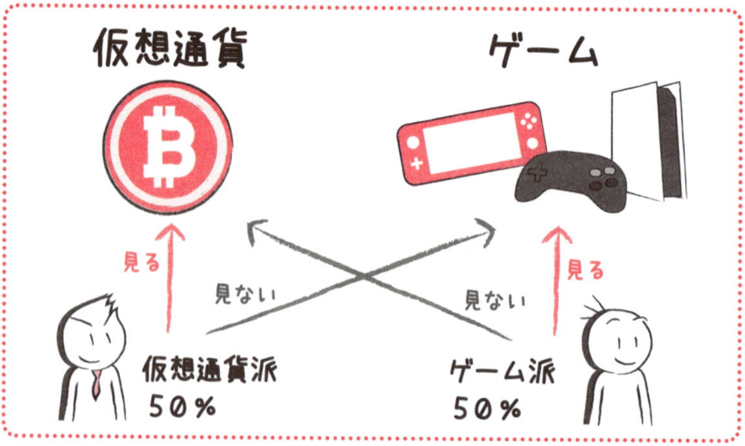

ということは、どちらのジャンルの動画を投稿しても、インプレッションのクリック率が半分以下になってしまうことが目に見えていますよね。

　こうなってしまっては、もう取り返しがつきません。

チャンネルの作り直しは新しいチャンネルで!

　別ジャンルの動画を運営したいのであれば、新しくチャンネルを作り直しましょう。せっかく登録者がついているのにもったいないと思うかもしれませんが、まっさらな状態からスタートした方が成果が出やすいです。

　今までのチャンネルの登録者を無駄にしたくないのであれば、新しいチャンネルを作ってから「ゲーム好きな人は新しいチャンネルも登録してください!」というように、別ジャンルに興味がある人だけを誘導しましょう。

　さて、ここまでしつこいくらいに「ジャンル選定」について解説してきましたが、次からはいよいよ、チャンネルを作るという実戦的な段階に入ります。

　くれぐれも、ジャンル選定だけは後悔のないように、完璧な状態にしてから次に進んでくださいね。

3-6 まとめ

- 登録者が興味があるのは、あなた自身ではなく発信内容
- 1つのチャンネルの登録者の属性が複数あると、インプレッションのクリック率が常に低下してしまう
- 別ジャンルを運営する場合は、新しくチャンネルを作り直した方が絶対にいい!

コラム ジャンルがブレた時の失敗談

　ジャンル選定が大事であること、ブレてはいけないということを繰り返しお伝えしてきましたが、実は私もジャンルがブレて痛い目を見たことがあります。

　「YouTubeマスターD」というチャンネルを始めた当初は、特に計画を立てることなく「とりあえず集客媒体として使えればいいや！」くらいの軽い気持ちで運営をしていました。何を投稿すれば伸びるのか、自分のチャンネルの視聴者はどのような動画を求めているのか等のリサーチはせず、いきあたりばったりでその時思ったことを話したり、自分が面白いと思った動画を投稿するだけの最悪な運営方法だったのです。
　実際に投稿していた動画の中には、次のようなものもありました。

　・アフィリエイトについて
　・学生時代に留学をした経験について
　・海外旅行に行った時のプライベートな動画

　本来、YouTubeの攻略情報やお役立ち情報を発信するチャンネルなのにも関わらず、全く関係のない自己満足のネタですよね。YouTubeについて学ぼうと思ってチャンネル登録をしてくれた視聴者からしたら、サングラスをかけた怪しい男が海外で美味しいものを食べて、買い物をしている動画なんて興味があるはずがありません。
　「ジャンル選定でブレではいけない」ということは、YouTubeのシステム攻略だけのための話ではありません。視聴者とチャンネルの信頼を勝ち取るためにも、とても大切なことなのです。

　あなたは、自分勝手にやりたい放題で動画を投稿するのではなく、視聴者が求めている情報をリサーチして、ひたすらそのニーズに応え続けなくてはいけません。
　適切なジャンルに的を絞り、視聴者に対してGIVEをし続けていけば、登録者数や視聴回数は後から伸びてくるはずですよ！

第4章

稼ぐためには
100％絶対に必要な
「正しいチャンネル」
の作り方

1 必要機材は
パソコン1台でOK！

スマホだけでYouTubeはできる？

　実際にYouTubeの運営を始めるにあたって、まず不安なのは「どんな機材を揃えればいいのか」という根本的な問題ですよね。私の考えでは、まずは「パソコン1台」から始めることをおすすめします。どんなジャンルを運営する場合でも、パソコンは必須です。

　最近では、スマホは1人につき1台持っているのが当たり前の時代になりました。若い人から年配の人まで、ほとんどの人が使いこなすことができると思います。これ1台でYouTubeの運営開始ができるのであれば、これほど楽なことはありませんよね。実際に、私の元にも「スマホだけでYouTubeの運営はできますか？」という問い合わせは毎日のように届きます。

　もちろん、運営できないことはありません。スマホでもYouTubeのチャンネル開設は可能ですし、動画編集をしてアップロードまですることまでできてしまいます。しかし、パソコンとスマホの間には、あ

なたのYouTubeでの成功を左右する圧倒的な差があるのです。

　まず、画面の大きさや操作性の効率が、パソコンの方が圧倒的に優れています。一度に確認できる情報量が段違いですし、スマホが1本指操作が基本なのに対してパソコンは両手の複数の指を効率的に使うことができます。

　また、そもそもスマホは機能が制限されていることも多いですよね。例えば、動画編集ソフトはスマホでも優れた機能を持つものも増えてきましたが、まだまだパソコン版のソフトには一歩及びません。

　さらに、YouTubeのデータを見たり設定を変更するための「YouTube Studio」という管理ツールがあるのですが、スマホ版では見ることができない指標があったり、設定の変更ができないなどの致命的な弱点があります。

　スマホだけでもYouTubeの運営ができないということはありません。でも、YouTubeを運営するツールを目的地までの移動手段に例えるなら、パソコンが自動車なのに対して、スマホは自転車だと思ってください。効率と快適性に、それくらいの差が生じると言っても過言ではないのです。

図4-1-1　パソコンとスマホとの間には自動車と自転車くらいの差がある

4-1　必要機材はパソコン1台でOK！

097

他の機材や高性能カメラは必要ない？

ジャンルによっては、他の機材があった方が良い場合もあります。

例えば、画質が重要なジャンルの場合は、一眼レフカメラを使った方が背景にボケをつけることができ、被写体をより際立たせることができるので、高性能なカメラを揃えた方が良いかもしれません。また、ライトやマイクなどの周辺機材も、高性能なものがあった方が動画のクオリティは高くなります。

しかし、一度も動画を作ったことがない人が、最初からこれらの機材を揃えるのは危険です。機材によっては取り扱いが難しかったり、高度な専門知識が必要な場合もあります。また、最近のスマホのカメラは高性能なものが多いので、わざわざ高い機材を揃えない方が綺麗な動画を簡単に撮影できるというケースもあります。

だから、手持ちのスマホの性能では満足のいく動画が撮れないと確信できた時点で初めて、新しい機材の購入を検討した方が良いでしょう。もし最初から高額な機材がどうしても必要だという場合は、そもそも本当にそのジャンルに参入するべきなのかを再度考えてみてください。

図4-1-2　本当に高い機材が必要なジャンルに参入するべきか考えよう

失敗しないパソコンの選び方

　YouTubeの運営をするにあたって、どれくらいのスペックのパソコンが必要なのでしょうか？

　動画編集の処理は、他のワープロソフトや表計算ソフトなどとは比べ物にならないほどのスペックを必要とします。

　具体的には、次のようなスペックのものが望ましいです。

CPU：第10世代のIntel Core i7
メモリ：16GB
ストレージ：SSD512GB
GPU：予算が許す範囲内で、できるだけ良いもの

　これくらいのスペックがあれば、プロが使っているような動画編集ソフトもストレスなく動かすことができます。価格帯としては、大体15万円くらいが目安でしょう。高画質動画の編集や凝った編集をする場合は、可能な範囲でメモリやGPUに予算を割くことをおすすめします。

OSはWindowsにするかMacにするか

　パソコン選びで悩ましいのは、単純にスペックだけではありません。Windowsが良いか、Macが良いかというのも大切なポイントです。

　WindowsとMac、どちらを選んだ方が作業しやすいのでしょうか？

　結論から言うと、「どちらでも良い」です。

　それぞれに優れた点があるので、どちらのメリットを魅力的に感じるか、あなたの好みで選んで問題ありません。

Windowsのメリットは、圧倒的にシェアが高く、扱えるソフトのバリエーションも豊富という点です。使っている人口が多いので、その分トラブルが発生した際にも解決策を見つけやすいでしょう。性能に対して価格が割安というのも、ありがたいポイントですね。

　一方、Macのメリットは操作性が洗練されており、シンプルな設計になっているので直感的に操作がしやすいという点です。特に、iPhoneを使っている人は連携がしやすいのでおすすめです。iPhoneで撮影をしたらAirDropという機能を使って、素早くMacにデータを移すことも可能です。また、「Final Cut Pro X」という動画編集ソフトは、Macでしか使うことができません。

　ちなみに、私は今までにどちらのOSも使ったことがありますが、現在はMacに落ち着いています。

今購入するなら、このパソコンがおすすめ!

　「これくらいのスペックで選ぼう」と言われても、どのメーカーのどの機種にすれば良いのか選択肢が多すぎて選べないですよね。

　そこで、2021年の時点で著者がおすすめするパソコンを紹介します。

　Windowsを使いたいという人の場合、BTOパソコンメーカーで購入するのがおすすめです。国内で一番有名なBTOメーカーであるマウスコンピューターなら、クリエイターに向けた構成のパソコンが比較的安価で販売されています。

　私のおすすめは、持ち運びがしやすい薄型コンパクトなのに高性能で、しかも価格も抑えめな「DAIV 4N」です。2021年6月現在、税込14万円台から購入できます。

　もしプラス2万円くらい出せるのであれば、上位機種の「DAIV 4N-H（高性能モデル）」を購入すればメモリとストレージが倍の性能のものが購入できるので、検討してみてください。

図4-1-3　マウスコンピューターの「DAIV 4N」

　Macの場合は、2020年から発売されたM1チップ搭載の「MacBook Air 13インチ」がおすすめです。インテルのCPUではなくマック独自のCPUが搭載されているのですが、従来の機種と比べてかなりパワーアップされています。

　なお、2021年6月現在、下位機種なら11万円台から、上位機種なら14万円台から購入できます。

図4-1-4　MacBook Air 13インチ

ちなみに、私は下位機種をサブ機として購入しましたが、30万円近く出して購入したものと比べても遜色がないくらいの働きをしてくれています。メモリが8GBと少ないように感じますが、今のところ不自由は感じていません。

　それと、WindowsでもMacでも共通して言えることですが、保存領域が標準のストレージでは足りない場合は、Dropboxなどのクラウドストレージや外付けのHDDを使うことをおすすめします。

パソコンはコスパ重視で選ぶ

　YouTubeの運営をする際に購入するもので、最も重要なのはパソコンです。しかし、高いものを選べば成功できるというわけではありません。だから、資金がたくさんあるからと言って高すぎるパソコンを選ぶのはおすすめできません。

　ちょうど良いスペックの機種を適正価格で購入し、できるだけ早く代金を回収できるように頑張っていきましょう！

4-1 まとめ

- ●YouTube運営においてパソコンは必須
- ●高価な機材を最初から揃えると、逆に失敗しやすい
- ●パソコンコスパ重視で選び、代金を早く回収すること！

2 | インストール必須の PCソフトとは？

パソコンが用意できたら必要なソフトをインストール

　YouTubeでの活動はどうしても時間がかかります。伸びるテーマを考え、需要をリサーチして構成を考え、撮影をして、編集をして、アップロードと投稿設定をすることで、ようやく1本の動画投稿が完了します。

　ゆっくりダラダラと動画を作っていても、なかなかチャンネルを伸ばすことはできません。だから、できる限りパソコンの中身を最適な状態に整え、スピーディーにハイクオリティな動画を投稿していける準備をしていきましょう。

動画編集ソフト「Premiere Pro」

　まず必要なのは、動画編集ソフトです。

　何の編集もしない状態で動画を公開できる人も中にはいますが、トークや発信内容に相当な自身が無い限りは編集するべきです。

　編集ソフトには無料のものから有料のものまで様々な種類がありますが、無料のソフトはあまりおすすめできません。無料の動画編集ソフトの多くは、機能がかなり制限されていたり、完成した動画の中に編集ソフトのロゴが入ってしまったりすることがあるので、動画に素人感が出てしまう原因になりかねないのです。

　なお、動画編集ソフトも、ケチらずに高機能な有料ソフトを使う方が失敗が少ないと思ってください。そして、誰にでもおすすめできる高機能な編集ソフトとしてまず挙げられるのが、Adobeの「Premiere Pro」です。

図4-2-1　Adobe「Premiere Pro」

　「Premiere Pro」は、「Photoshop」や「Illustrator」などのプロ仕様のクリエイター向けソフトを数多くリリースしているAdobe社の製品です。実際にテレビ番組や映画制作でも使われるソフトでもあるので間違いがありません。

　通常、このソフトを使う場合は、Adobeの公式サイトで契約を行います。（https://www.adobe.com/jp/creativecloud.html）

　なお、「PremierePro」だけを単体で使う場合は、2021年6月現在、1ヶ月あたり2728円です。

図4-2-2　「Premiere Pro」単体の値段

また、その他のAdobe製品も使いたい場合は、「Adobe Creative Cloud」（以下Adobe CC）という全てのソフトが割安で使えるコンプリートプラン（6248円/月）があります。

図4-2-3　CreativeCloudコンプリートプラン

　サムネイル作成は、「Photoshop」を使えばハイクオリティのものができますし、音声の修正ができる「Audition」というソフトもあるので、可能であれば「Adobe CC」を契約した方が良いでしょう。でも、ちょっとお高いですよね。

　実は、この「Adobe CC」を年間で3万円以上安く契約する方法があるんです。

　2021年6月現在、「デジハリONLINE」というスクールに、「Adobeマスター講座」という39980円のコースがあります。

　（https://online.dhw.co.jp/course/adobe/）

図4-2-4　デジハリONLINEの「Adobeマスター講座」

このコースには「Adobe CC」の基礎的な使い方がマスターできる講座に加えて、「Adobe CC」のライセンスが付属しているのです。講座の目的はソフトの使い方を覚えることですが、受講は義務ではありません。月々ではなく一括の支払いとなりますが、Adobe公式サイトから契約するよりもかなりお得です。

Mac専用の動画編集ソフト「Final Cut Pro X」

　「Premiere Pro」はWindowsの人もMacの人も共通して使えるので、誰にでもおすすめできる動画編集ソフトです。しかし、もしあなたのパソコンがMacなのであれば、「Final Cut Pro X」という選択肢もあります。

図4-2-5　Mac専用の動画編集ソフト「Final Cut Pro X」

　確かに、「Premiere Pro」は高度な編集が可能なのですが、それはつまり、初心者には操作が難しいということでもあります。その点、「Final Cut Pro X」は画面表示も操作もシンプルです。直感的に操作ができるので、初めて動画編集をする人でも2〜3日も触れば十分に使い

こなすことができるでしょう。

2021年6月現在、「Final Cut Pro X」は36800円で購入することができます。買い切りなので、「Premiere Pro」よりもお得感がありますね。

自動カット&テロップ挿入ツール「Vrew」

　動画編集の中で最も時間がかかる作業は、カットとテロップ入れです。特にトークがメインの動画の場合、空白の時間や「えーと」「あのー」のような余計な言葉が入ると、視聴者の離脱の原因になりますので、不要な部分は念入りにカットする必要があります。

　また、最近は電車の中などでも無音で動画を楽しめるようにと、動画の中で話している言葉を全て文字起こしするフルテロップのスタイルの動画を作る人も多いですが、これもかなり骨の折れる作業です。

　しかし、これらの面倒な作業をほぼ自動でやってくれる夢のようなソフトがあります。それが、「Vrew」です。
　(https://vrew.voyagerx.com/ja/)

図4-2-6　自動カット&テロップ挿入ツール「Vrew」

　このソフトではAIが音声を解析し、話している内容を文字起こししてくれます。さらに無音区間を削除する機能もあるので、編集にかかる時間が大幅に短縮できます。滑舌が悪かったり、雑音が入っている

動画の場合はAIの精度が下がりますが、手動で修正をすることも可能です。

「Vrew」である程度カットとテロップの編集ができたら、「Premiere Pro」や「Final Cut Pro X」で読み込める形式に変換することもできるので、高度な編集を後から追加することもOKです。2021年6月の時点では完全に無料で使うことができますし、簡単な画像の挿入も可能なので、有料のソフトを使うまでもないという人はこのソフトだけで編集しても良いかもしれません。

YouTube分析ツール「VidIQ」

YouTuberにとって、動画の需要やライバルのリサーチをすることはとても重要です。視聴者がどのような事柄に興味があるのか、またそのテーマに関する動画は何本くらいアップロードされているのかを知ることができれば、ある程度ヒット動画を狙って作ることもできます。

その手助けをしてくれるのが、「VidIQ」というツールです。

図4-2-7　YouTube分析ツール「VidIQ」

これはソフト単体で使うのではなく、Chromeブラウザのプラグインとして組み込む必要があります。
　次の流れでインストールしてください。

①Chromeブラウザをインストール
　（https://www.google.com/intl/ja_jp/chrome/）
②Chromeブラウザで「VidIQ」と検索し、VidIQのダウンロードページを開く
③「Chromeに追加」をクリックして、VidIQをChromeにインストール

　このツールをインストールした状態でYouTubeを開くと、次の情報が一目で確認できるようになります。

・動画の高評価率
・検索需要
・投稿後28日間の再生回数の伸び方
・キーワードの検索ボリュームと競合性
・その他、様々なデータ

　特に、4つめの「キーワードの検索ボリュームと競合性」がわかる機能は、日々の動画作りをする際の参考になります。例えば、2020年に大ヒットした鬼滅の刃のテーマ曲「紅蓮華」の、需要と供給を調べてみましょう。

図4-2-8 「VidIQ」をインストールしたChromeで「紅蓮華」を検索

検索結果の右の方に、図4-2-9のような表示が出ます。

図4-2-9 紅蓮華のスコア

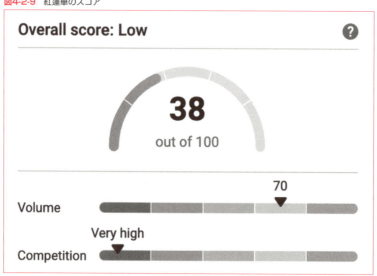

1番上に「Overall score:Low」という表記と「38」という数字が出ていますよね。このキーワードは、総合的なスコアは100点満点中38点という低スコアだということを表しています。

　その下にある「Volume」は、検索をした人の人数のスコアです。「Competition」は、競合性の高さを表しています。

　つまり、このキーワードは「検索需要はやや高い」ですが、「競合性もとても高い」ので、参入すべきではないという判断ができるというわけですね。

　YouTubeで検索機能を使う人は、それほど多くはありません。ですが需要の高いキーワードであれば、他のキーワードと比べて相対的に検索ボリュームは多くなるため、動画のテーマを決める際の参考になるでしょう。

ブックマークしておくべきサイト

　インストールするソフトではありませんが、ブラウザで閲覧できるツールで役に立つものも多数あります。ここでは、ブックマークしておいた方が良いサイトをいくつかご紹介しましょう。

◉ライバルチャンネルの分析ツール「NoxInfluencer」

　ジャンル選定のところでも紹介したツールですね。今伸びているチャンネルを教えてくれるだけでなく、気になるチャンネルのURLを入れると細かいデータを表示してくれます。ライバルが、どの動画がきっかけで、いつ頃、どれくらい伸びているのかが一目瞭然です。

図4-2-10　ライバルチャンネルの分析ツール「NoxInfluencer」

●動画の需要分析ツール「KamuiTrucker」

　こちらも様々な分析ができるツールなのですが、特に「キーワードアドバイス」の機能が秀逸です。気になるキーワードを入力すると、そのキーワードで検索した時にヒットする動画の平均再生回数、7日間で投稿された動画の本数、7日間の合計視聴回数がわかります。「VidIQ」と合わせて使うと、競合性の調査の精度が上がりますよ。

図4-2-11　動画の需要分析ツール「KamuiTrucker」

●サジェストキーワードを抽出してくれる「ラッコキーワード」

　動画を数多く作っていると、ネタ切れを起こしてしまうこともあり得ます。そんな時は、ラッコキーワードというツールを使ってキーワードを拡張することで、新たなネタを発見することも可能です。これはYouTubeやその他の検索エンジンから、サジェストキーワードを抽出してくれるツールです。

　YouTubeの検索窓に単語を入れると、その後に続く2語目のキーワードを表示してくれますよね。そしてその後に何か文字を入力すると、さらに別のキーワードが表示されます。このように複合キーワードを全て抽出してくれるので、この中から動画にできそうなアイデアを拾うこともできるというわけです。

図4-2-12　サジェストキーワードを抽出してくれる「ラッコキーワード」

●無料の画像編集ソフト「Canva」

　YouTubeで作成しなければいけないのは、動画だけではありません。それぞれの動画の顔となるサムネイルやチャンネルアート、アイコンなども作らなければダメですよね。動画編集ソフトでサムネイルを作ることもできるのですが、静止画の作成に特化したソフトを使うことで、作れるデザインの幅がより広がります。

　「Canva」は無料で使うことができる画像編集ソフトです。カッコいいデザインのテンプレートも多数用意されているので、これを使うことで表現の幅を大きく広げることができますよ。

図4-2-13 無料の画像編集ソフト「Canva」

●効果音を無料でダウンロードできる「効果音ラボ」

　動作と共に、何かしらの効果音を入れることがありますよね。効果音ラボでは、よく有名YouTuberが使っている効果音を無料でダウンロードすることができます。よく聞く効果音をダウンロードしたい場合は、ぜひ使ってみてください。

図4-2-14 効果音を無料でダウンロードできる「効果音ラボ」

◉YouTube公認の音楽や効果音を入手できる
「YouTubeオーディオライブラリ」

　YouTube公認の音楽や効果音を、無料で多数ダウンロードすることができます。他にも音楽や効果音をダウンロードできるサイトはたくさんありますが、ごく稀に著作権の警告を受けることがあります。でも、YouTube公認の音楽であれば、比較的そのリスクを下げることができるのでおすすめです。

図4-2-15　YouTube公認の音楽や効果音を入手できる「YouTubeオーディオライブラリ」

4-2 まとめ

- ●動画編集ソフトは有料の「Premiere Pro」を使えば間違いない
- ● Macユーザーは「Final Cut Pro X」がおすすめ
- ●「Vrew」を使えば、カットとテロップの効率化ができる
- ●「VidIQ」はリサーチをする際に役に立つ
- ●その他、ブラウザ上で使えるサイトもブックマークしておく

3 失敗しない チャンネル名の決め方

チャンネル名は我が子の名前だと思って付ける

　手元にパソコンの準備ができたら、実際にチャンネルを作る準備を進めていきましょう。

　ジャンル選定が既に終わっている人は、それに合わせてチャンネル名を考えてください。ここで「とりあえず早くチャンネル作りたいから、適当に付けておこう」と思った人は、

その時点で、成功への道を閉ざしてしまっています。

　そもそも、チャンネル名は後から変更しない方が絶対にいい。現に、私のチャンネル「YouTubeマスターD」は、2018年の11月に立ち上げてから1回も名前を変更していません。だから、以前から見てくださっている視聴者の皆さんの頭には、このチャンネル名が深く刻まれているはずです。

　想像してみてください。ある日急にチャンネル名が「YouTubeお役立ち情報館」に変わったら？

　登録しているチャンネル一覧の中から探しにくくなりますし、検索を使って「YouTubeマスターD」と入力してもヒットしにくくなってしまいます。

　また、最近では「Dさん」などの愛称も定着してきたところなのですが、視聴者さんの中のチャンネルイメージもリセットされてしまい、積み重ねてきたものの一部が無駄になってしまうことにもなりかねません。

登録者数や再生回数のように数値化はされていませんが、視聴者さんのチャンネルへの定着度は少なからず伸びに影響します。だからこそ、これから生まれてくる我が子の名前を考えるつもりで、後悔しないチャンネル名を考えに考え抜いて欲しいのです。

　しかし残念ながら、多くの人はチャンネル名を決める時、自分にとって思い入れのあるカッコいい名前を付けようとしがちです。もちろんカッコいいに越したことはないのですが、伸びやすいチャンネル名にはいくつかの特徴があります。

　全て盛り込むのは難しいかもしれませんが、可能な限りポイントを意識して決めることで失敗を避けられる可能性が高くなるでしょう。

図4-3-1　チャンネル名は我が子の名前を考えるつもりで！

伸びるチャンネル名の特徴①　検索しやすい

　あなたは普段、特定のチャンネルを見たいと思った時に、どのようにそのチャンネルを探しますか？

　既にチャンネル登録をしていて最近も動画の投稿があれば、「登録チャンネル」の中からすぐに見つけることができます。しかし、他に

も登録しているチャンネルがたくさんあったり、しばらく投稿されていないチャンネルの動画は、かなり下の方までスクロールしないと見つけることができませんよね。

　そのような時は、検索をしてチャンネルを探すはず。しかし、検索をしにくいチャンネル名だったらどうでしょうか。面倒なので後回しにしたり、見るのをあきらめてしまうかもしれません。

　<mark>チャンネル名を決める際に、「検索のしやすさ」を意識するのは非常に重要です</mark>。例えば、ゲーム実況チャンネルの名前を、自分の苗字の吉田にちなんで「よっしーのゲーム」にしたとします。でも、「吉田という名字だから、よっしーと呼ばれている」なんて人、たくさんいそうですよね。案の定、「よっしーのゲーム」と検索すると、似た名前のゲーム実況チャンネルが無数に見つかります。

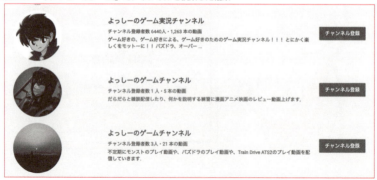

図4-3-2　「よっしーのゲーム」でチャンネルを検索した結果

　もしあなたが駆け出しのYouTuberだったら、検索結果で表示される順番も下の方になってしまうでしょう。結果、視聴者さんはあなたの動画にたどり着くことができなくなってしまいます。

チャンネル名は、検索がしやすいようオリジナリティを重視！

　これが鉄則です。忘れないでくださいね。

伸びるチャンネル名の特徴②
ジャンル名が入っている

　視聴者が検索をする際に入力するのは、特定のチャンネル名だけではありません。そのジャンルの動画が見たいということだけ決まっている場合は、ジャンル名で検索をかける場合もあります。著者のチャンネル「YouTubeマスターD」も、検索者がYouTubeの攻略情報を探す際に入力するであろう「YouTube」というキーワードをあえて入れています。

　検索者が意図せずともあなたのチャンネルを発見できる工夫として、不自然にならない範囲でジャンル名をタイトルに入れてみましょう。

伸びるチャンネル名の特徴③
ターゲット層の言語を使っている

　カッコいいチャンネル名を付けたい人は、難しい英語が入った名前にしてしまいがちです。確かにぱっと見はカッコいいかもしれませんが、どう読むのかわからなかったり、スペルが難しかったりすると、視聴者が検索する時に困ります。

　英語ならまだ良いのですが、ハングルや中国語、東南アジアの言語などアルファベット以外の文字を使っている国の言葉は入力の仕方すらわからないので、検索でたどり着くことはもはや不可能です。

　もちろん、チャンネルのターゲットがその言語を使っているのなら問題ありません。見て欲しい言語圏の方が発見しやすい工夫をすると、発見されやすくなります。

伸びるチャンネル名の特徴④
長すぎずキャッチー

　検索でヒットしやすくするためにキーワードをたくさん詰め込んで、チャンネル名が長くなりすぎるのも良くありません。視聴者がチャンネル名を覚えにくくなってしまうからです。いつまで経っても「あのチャンネル」と言われ続けているようでは、視聴者が定着しにくくなってしまいます。

　また、長すぎるチャンネル名は、おすすめ動画や関連動画の欄ですべて表示されない可能性が高いです。どうしてもキーワードを多く入れたいのであれば、前半でキャッチーな名前を入れた後に、【】で囲ってキーワードを入れておくと邪魔にならずに済みます。

図4-3-3　チャンネル名に自然なキーワードが入れられない場合は【】で囲む

やーこのガレージ【主婦のカーライフ】
チャンネル登録者数 2740人・54 本の動画
自称・NISSAN応援チャンネル＊ 日産 新型ルークスにハマった主婦。宮城県に住む素人の主婦が、車DIYにチャレンジしたり、簡単レビュー...
チャンネル登録

> こちらは主婦のやーこさんが自動車の動画を投稿しているチャンネルなのですが、キャッチーなチャンネル名「やーこのガレージ」の中にはキーワードが含まれていません。そのため「主婦」と「カーライフ」というキーワードを【】で囲んで入れています。

個人の名前はOK。でも会社名はNG

　チャンネル名で検索や覚えやすさを意識するのではなく、自分自身のブランディング力を高めたいのであれば、あなた自身の名前をチャンネル名にするというのもありです。その場合も、【】を付けて何の人なのかわかるようにしておくとベターですね。

　以下、自分自身の名前をチャンネル名に入れた例です。

- 中田敦彦のYouTube大学
- 書道家 東宮たくみ
- Koh Kentetsu Kitchen【料理研究家コウケンテツ公式チャンネル】
- サラタメさん【サラリーマンYouTuber】

ただし、自社のチャンネルを運営する際に会社名をチャンネル名に設定することはおすすめしません。なぜなら、宣伝臭くなってしまうからです。

企業は「営利を目的とした組織」です。個人のYouTuberなら、趣味の延長であったりボランティアの気持ちで発信を行うということもありますが、企業の場合は原則として会社の利益にならないことをすることはありません。

ファンが付きにくくなる原因になるので、チャンネルを伸ばすのが目的なのであれば企業名は入れずに運営することをおすすめします。

4-3 まとめ

- チャンネル名は変更しない前提で、最初から考え抜いて命名する
- 検索で探しやすいように、他のチャンネルと被らない名前を付ける
- ジャンル名で検索されることも視野に入れる
- 外国語を使う場合は、ターゲットの言語に合わせる
- チャンネル名が長すぎると、全部表示されないというデメリットがある
- ブランディング目的なら個人名でもOK。売込み臭がするので、企業名はNG

4 YouTubeチャンネルの作り方

チャンネル作成の大まかな流れ

　ここからはお待ちかね、チャンネル作成の話です。
　評価ボタンやコメントをするためにチャンネルは既に作っているという人も多いとは思いますが、たまに間違った作り方をしている人もいるので、念の為確認しておいてくださいね。
　YouTubeのチャンネル作成の大まかな流れは、次のようになります。

　YouTubeはGoogle傘下のサービスです。そのため、いきなりYouTubeの会員になるのではなく、Googleの会員としてアカウントを作成し、それを使ってYouTubeにログインをします。Gmailではなく元々持っている自分のメールアドレスを使ってアカウント作成をすることもできますが、無料で作成できるものですし、他のメールサービスと比べて機能性も高いので、Gmailアカウントを1つは持っておくことをおすすめします。

Googleのアカウントにログインした状態でYouTubeを開くと、YouTube内でもログインされている状態になっていますが、この時点ではまだチャンネルは完成していません。動画投稿をするためのチャンネル作成手続きを済ませれば、その時点であなたのチャンネルが完成します。

　それでは、Gmailのアカウントを作るところから順を追って説明していきますね！

Gmail（Googleアカウント）の作成

　Gmail（Googleアカウント）を持っていない人は、ここから始めてください。

　なお、アカウントの作成はYouTubeからでも可能です。

　YouTubeの右上にある「ログイン」をクリックした後に「アカウントを作成」をクリックして、指示に従いながらアカウント作成を進めていきます。

図4-4-1　YouTubeを開いて右上の「ログイン」をクリック

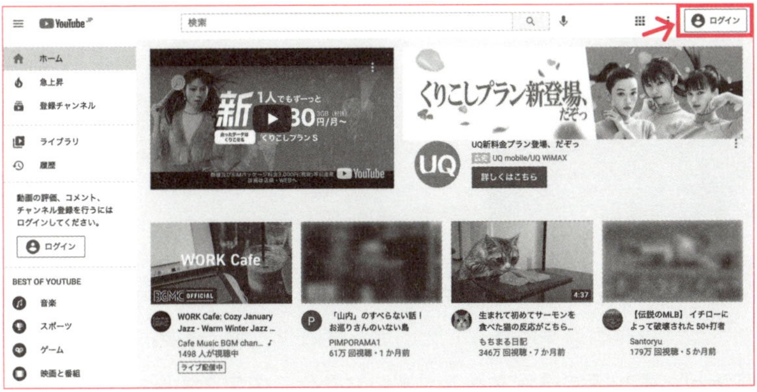

　Googleアカウント作成が完了すると、自動的にYouTubeのホーム画面が開き、ログインされている状態になっています。

YouTubeチャンネルの作成

ここからはYouTubeチャンネルの作成です。

一番右上のアイコンをクリックするとメニューが表示されるので、その中の「チャンネルを作成」をクリックします。

図4-4-2 一番右上のアイコンをクリックするとメニューが表示される

すると「チャンネルを作成する方法を選ぶ」の画面になるのですが、そこで「自分の名前を使う」にしてしまうと、あなたの名前がそのままチャンネル名に設定されてしまい、自分の名前を変更しないとチャンネル名を変更することができなくなってしまいます。

だから、必ず右の「カスタム名を使う」を選択しましょう。

図4-4-3 「自分の名前を使う」を選んではダメ！

その後は、あなたのチャンネル名を入力して「作成」をクリックすれば、チャンネル作成の作業は完了です。
おめでとうございます！

チャンネルの初期設定

チャンネルが完成したら、一応その時点で動画が投稿できるようになっているのですが、その前に最低限の設定を一通り済ませておきましょう。

「おめでとうございます」の画面を下の方にスクロールしていくと、次の項目を設定することができます。

・プロフィール写真の設定
・チャンネルの説明
・サイトへのリンク

チャンネルの説明は、「概要」や検索結果の部分に表示される文章です。

図4-4-4　チャンネル概要

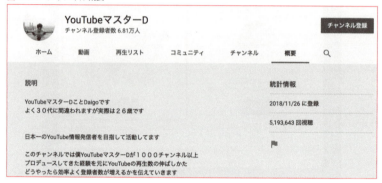

図4-4-5　検索結果

　「サイトへのリンクを追加する」の項目では、あなたのブログやホームページ、SNSのリンクをチャンネルトップに設置することができます。

図4-4-6　チャンネルのトップにリンクが並ぶ

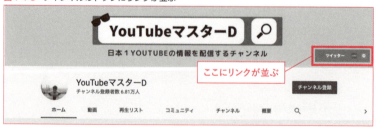

入力が完了したら、「保存して次へ」をクリックします。これらは全て後から変更可能なので、まだ内容が決まっていなかったらスキップしても構いません。

ここまで終わったら、あなたのチャンネルが表示されます。

図4-4-7 完成した新しいチャンネル

次に、YouTubeの管理画面である「YouTube Studio」を開いて、設定の続きを終わらせてしまいましょう。右上のアイコンをクリックして、「YouTube Studio」をクリックします。ここでは「電話番号認証」と「子供向け/子供向け以外の設定」を最低限設定やっておく必要があります。この認証をしないと、15分以上の動画がアップできませんし、カスタムサムネイルの設定をすることができません。

なお、カスタムサムネイルとは、動画のサムネイルを自由に決めることができる機能です。再生回数に大きく関わってくる大切な部分なので、絶対に忘れてはいけません。

それと子供向けの設定ですが、これはアメリカの「児童オンラインプライバシー保護法」という法律が制定されたことに伴い、子供に有

害な動画を見させないようにするための設定をしなければいけないのです。これらの設定を行うためには、「YouTube Studio」の画面左下の「設定」をクリックします。

図4-4-8 「YouTube Studio」の「設定」をクリックする

先に、電話番号の認証をしてしまいましょう。

「チャンネル」をクリックし、「機能の利用資格」をクリックしてください。下の「スマートフォンによる確認が必要な機能」の部分を展開します。

図4-4-9 設定＞チャンネル＞機能の利用資格＞スマートフォンによる確認が必要な機能

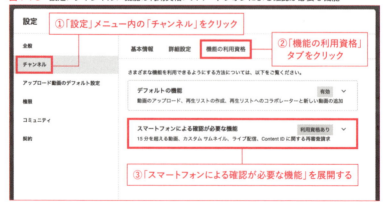

「スマートフォンによる確認が必要な機能」を展開したら、中の青いボタン「電話番号を確認」をクリックしてください。あなたの電話番号を入力して指示通り進めれば、認証は完了です！

　続いて、先ほどの設定画面に戻って「チャンネル」の中の「詳細設定」をクリックします。この中で、チャンネル内の動画が子供向けか子供向けではないかの選択をします。

図4-4-10　子供向け/子供向けではないの設定

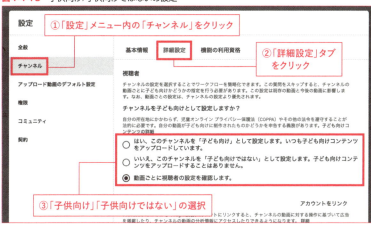

　明らかにターゲットが子供向けのチャンネルの場合は「はい」、そうでない場合は「いいえ」、動画によってターゲットが異なる場合は「動画ごとに」にしておきましょう。

　選択したら、右下の「保存」をクリックすれば初期設定は完了です。

4-4 まとめ

- YouTubeのチャンネル作成は「Googleアカウント作成→YouTubeログイン→チャンネル作成」の順で行う
- 最初に電話番号認証、子供向け/子供向け以外の設定をやっておく

5 プロフィール写真、バナー画像を作る

視聴者がチャンネルを識別するポイント

　チャンネルの準備でもう1つ重要なのが、プロフィール写真（アイコン）とバナー画像の設定です。たまにデフォルトの設定のままにしているチャンネルも見かけますが、これらは必ず設定しておいた方が良いポイントなのです。「設定しておいた方が伸びる」というよりは、==「設定していないとちゃんとしたチャンネルに見えない」という評価をされてしまう==と思ってください。だから、最低限の身だしなみとして整えておきましょう。

図4-5-1　バナー画像はチャンネルの発信内容をお知らせする役割がある

> 私のチャンネルのバナーでは、YouTubeの情報発信では日本一であることをアピールしています。

　バナー画像はあなたのチャンネルのトップの一番上に表示される画像なのですが、視聴者があなたのチャンネルがどのような発信をして

いるのかをわかりやすくする役割があります。ちなみに私のチャンネルの場合は、YouTubeの発信をしているということと、情報が日本一であることをアピールしています。チャンネルのトップを開かずに登録をしてくれる視聴者もいますが、他の動画もしっかり吟味してくれる視聴者に対してのアピールは大切です。

　アイコンの設定は、あなたのチャンネルを探すために役に立ちます。
　チャンネル登録をしてくれた視聴者が、あなたのチャンネルの動画を見たいと思った時、どのように探すでしょうか？チャンネル名で検索をして探す人もいますが、登録済みのチャンネル一覧の中から探す人も多いですよね。
　そんな時に、あなたのアイコンが何の写真かわからない、いい加減なものだったら、視聴者はあなたのチャンネルを見つけることができません。だから、一目であなたのチャンネルだということがわかるアイコンを設定しておくべきなのです。

図4-5-2　アイコンは視聴者がチャンネルを識別する目印

私のアイコンは、シンガポールのマリーナベイサンズホテルのプールに入っている画像を運営開始初期に設定してから変更していません。変更すると、既存の視聴者が混乱してしまう原因にもなりかねないですからね。

画像サイズに注意する

　アイコンは、他の項目と比べると比較的重要度は低めですが、4-3でお話ししたチャンネル名と同じく、一度決めると後から変更しにく

いという性質があります。

　後悔のないように、一度決めたら後からは変更しないつもりで決めましょう。

画像サイズに注意する

　アイコンもバナー画像も、お手持ちの画像をアップロードすれば適用させることはできるのですが、適当なものをアップするとうまい具合に表示されないので注意しましょう。

　アイコンの画像は、次の条件に合うものをアップロードしなければいけません。

> ・JPG、GIF、BMP、PNGのいずれかの形式のファイル
> ・98×98ピクセル以上
> ・800×800ピクセル、4MB以下推奨

　解像度が低すぎると表示が荒くなってしまうので、できるだけ高解像度の綺麗な画像を使うようにしましょう。正方形に切り抜かれた上で、さらに円で角を削られた形になるので、表示させたい部分は円の中に収まるように気をつけてください。

図4-5-3　アイコンの表示される範囲

円で囲まれた部分が表示されます。

なお、バナー画像に使える画像の条件は次の通りです。

・アスペクト比（横と縦の比率）が16:9で、2048×1152ピクセル以上
・ファイルサイズは6MB以下

また、バナー画像は視聴者が使っているデバイスによって表示される範囲が異なります。

図4-5-4　バナー画像の表示範囲

テレビだと元の画像がそのまま表示されますが、PCやスマホの場合はかなり限定された範囲しか表示されません。YouTubeの視聴はスマホからの人が圧倒的に多いので、おかしな表示にならないように気をつけてください。

「CANVA」なら簡単にオリジナル画像が作れる

　YouTubeに掲載できるような画像なんて作ったことがない、という人も多いでしょう。「Photoshop」のような画像編集ソフトが扱えるのであれば簡単に作れてしまいますが、そうでない人にとってはハードルが高い作業ですよね。

　でも、特別なソフトがなくても、このような画像を作れるサービスがあります。それが「Canva」です。会員登録をすれば、無料でハイクオリティな画像編集をすることができます。

図4-5-5　無料でハイクオリティな画像編集ができる「Canva」

　このサービスの良いところは、テンプレートが豊富に用意されているという点です。ログインした画面の上部にある検索窓に「YouTube」と入れて検索をすると、YouTubeに関係するキーワードがいくつか表示されます。

図4-5-6 「Canva」で「YouTube」と検索する

　この中の「YouTubeのアイコン」を選べばアイコンのデザイン、「YouTubeチャンネルアート」を選べば、たくさんのテンプレートの中から好きなものを選び、自由にカスタマイズすることで、自分オリジナルのカッコいいアイコンやバナー画像を作ることができます。
　テンプレートは有料のものもありますが、無料のものも豊富にあるので色々と探してみてくださいね。

図4-5-7 「Canva」の豊富なテンプレート

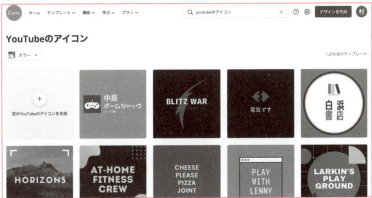

作った画像をチャンネルに設定する方法

　アイコンとバナー画像が用意できたら、YouTubeにアップロードしていきましょう。

　「YouTube Studio」の左側のメニューを下の方にスクロールすると、「カスタマイズ」というメニューがあるので、これをクリックします。「ブランディング」タブを選択すると、アイコンとチャンネルアートのアップロードができるので、先ほど用意した画像をアップロードしましょう。右上の「公開」を押せば、設定完了です。

図4-5-8　カスタマイズメニューで画像を変更

図4-5-9　アイコンとバナー画像の設定完了！

4-5 まとめ

- アイコンは後から変更しないつもりで作る
- バナー画像には、視聴者に発信内容をわかりやすく伝える役割がある
- アイコンとバナー画像はサイズに注意
- 「Canva」を使えば、簡単にカッコいい画像が作れる

コラム 初心者が見落としがちな重要設定

　YouTubeの設定は、初心者にとってはどうすればいいのかわかりにくいものが多く、適当にやってしまいがちです。しかし、ちょっとその設定を変えるだけで、登録者数や再生回数に大きく影響を与えてしまう可能性があります。

　次の動画を見ながら、1つずつ正しい設定ができているかをぜひ確認してみてください。

YouTubeの動画へアクセス!!

第5章

動画の作成から
アップロードまで、
すべて見せます！

1 伸びるネタの探し方

伸びるネタには2種類ある

　第4章までで、チャンネルの大枠を作ることができました。そして第5章では、いよいよ実際に動画を作っていく段階に入ります。

　ここまでやってきたジャンル選定やチャンネル作成は、とても大切な部分ではありますが、あくまでYouTube運営をしていく際の土台作りです。実際に動画をアップしていかなければ、いつまで経ってもチャンネルが伸びることはありませんので、しっかり頑張っていきましょう。

　さて、どんな動画を作れば良いのでしょうか？

　大前提として、第3章で決めたジャンルにマッチしている動画でなければなりませんが、それだけでは不十分です。需要のないネタを上げ続けても、伸びることはないですからね。1本の動画を作るのには何時間もかかるので、無駄撃ちをしている余裕はないはずです。だから、できる限り狙って再生回数や登録者数が伸びやすい動画をアップしていかなければいけません。

私がおすすめする動画ネタの種類は、大きく分けて２つあります。

伸びる動画の鉄板!
「トレンド動画」と「きっかけ動画」

　瞬発力があって、すぐに再生回数がグンと伸びやすいのが「トレンド動画」です。

　例えば、ファッションYouTuberの場合、ユニクロの新作紹介などを投稿すると伸びやすい傾向があります。ガジェット系YouTuberの場合は、Appleの新製品とかですね。

図5-1-1　トレンド動画の例

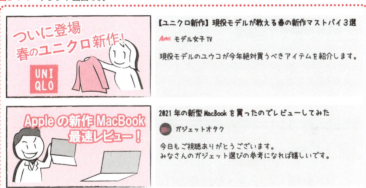

　他にもそれぞれのジャンルによって、旬のトレンドがあります。そのようなネタは、時期を逃さずに熱いうちに投稿すると伸びやすいです。その反面、時期が過ぎると全く再生されなくなってしまうというデメリットもあるので注意が必要です。

　もう１つ、伸びやすい動画に「きっかけ動画」があります。初めてそのジャンルに興味を持った人が、あなたのチャンネルを見始めるきっかけとなる動画のことですね。

私のチャンネル「YouTubeマスターD」ではYouTubeの攻略情報を発信しているのですが、初めてYouTubeで発信をしようと思った人たち向けの動画を丁寧に作ることを心がけています。

例えば、「【2020年】スマホでYouTubeチャンネルの作り方から動画のアップロード全て解説！」という動画では、今までYouTubeのチャンネルすら作ったことがなかった人のために、誰でも持っているスマホでYouTubeを完結させる方法を解説しました。

図5-1-2　YouTubeマスターDのきっかけ動画

初めてYouTubeでの発信に興味を持った人が、これからもこのチャンネルの動画を見たいと思うようなきっかけとなるテーマを選んで投稿しています。

トレンドネタと比べて瞬発力はありませんが、ある程度期間が経ってもずっと再生され続ける資産となります。

「トレンド動画」と「きっかけ動画」。
これらをバランスよく投稿していくことで、寄り道をせずに効率よくチャンネルを育てていくことができます。

次は、これらのネタを探す方法について詳しく解説していきましょう。

トレンド動画ネタの探し方

トレンド動画は、旬なネタを廃れないうちに素早く視聴者に届ける必要があります。だから、ジャンルごとの中心となる人物や会社の

SNSアカウントをフォローし、何か発表があったらすぐに情報が入るようにしておきましょう。

あらゆる情報をまとめて仕入れる方法として有効なのが、Googleニュースです。興味のあるトピックをフォローしておけば、そのトピックに絞って色々なところから最新情報を表示させることができます。

図5-1-3　Googleニュース

Googleニュースでマークしておきたいトピックをフォローしておけば、関連する事柄の最新情報を表示させることができます。

　トレンドネタの発信は、必ずしも1番になる必要はありません。既に誰かが投稿していたとしても、同じネタで動画を投稿しても構いません。また、そのテーマで検索をかけて、少ない登録者数でありながら多くの再生回数を獲得している人が多ければ、そのネタは伸びる可能性が高いということになります。だから、旬が過ぎないうちに早めに投稿するようにしてください。

他の動画のネタを参考にし、ライバルがどんな発信をしているのかをリサーチして、そのネタに被せて自分も似たようなテーマで動画を出す。このやり方自体に問題ありませんが、内容は被らないように注意してください。

ネタが被った場合、自分もライバルも関連動画に載るチャンスが増えるのでwin-winの関係にはなれますが、内容まで似せてしまってはあなた自身のオリジナリティを出すこともできませんし、相手にも迷惑をかけてしまいます。

きっかけ動画ネタの探し方

一方、きっかけ動画の場合はスピードよりも質が命です。じっくりと念入りにリサーチをして、誰よりも詳しく、誰よりもわかりやすい渾身の動画を投稿するつもりで投稿しましょう。

まずはあなたがマークしているチャンネルを複数開き、「人気順」で並び替えたときに上の方に表示される伸びている動画をピックアップします。それが流行り廃りのないネタであれば、きっかけ動画である可能性が高いです。

1つの動画だけだと精度が悪いので、複数の同じジャンルで同様のネタが投稿されていないかチェックすると良いでしょう。他のチャンネルでも同じネタが伸びていれば、あなたが投稿しても伸びる可能性は高いです。

図5-1-4 ライバルの動画を「人気順」で並び替え

> 人気順で並び替えた時に上の方に表示される動画の中で、流行り廃りがないネタであれば、きっかけ動画として需要のあるネタである可能性が大きいです。

　このときに気をつけなければいけないのは、ライバルよりも良い動画を作るということです。

　例えば、ライバルが「〇〇をする方法3選」というテーマをアップしているのであれば、あなたは「〇〇をする方法5選」というテーマでアップする。もちろん、単に数が多いということではなく、より詳しく、よりわかりやすい動画を作ってください。視聴者やYouTubeに、あなたが優れた投稿者であることをアピールしましょう。

トレンドときっかけ、どちらを作っていけばいい?

　「トレンド動画」と「きっかけ動画」をバランス良く投稿していくことで、あなたのチャンネルはグングン伸びていくでしょう。
　なお、

バランス良くって、どれくらいの割合で投稿すればいいの?

という問題についてですが、これは正直、確実な正解はありません。ただ私は、チャンネルの成長段階に応じて次のように投稿していくことをおすすめしています。

・チャンネル運営開始時

投稿を始めて間もない頃は、まず再生回数やチャンネル登録を増やすための土台が欲しいところです。そのため、瞬発力はなくても確実にチャンネルのファンになってもらいやすいきっかけ動画の割合を、8割くらいに考えておくと良いでしょう。チャンネル登録者数が1桁や2桁の時は、すぐにでも伸ばしたいと思う気持ち先行しがちですが、ぐっと耐えて土台作りに専念してください。

・登録者数が十分に増えてきた時

チャンネル運営を開始して、十分に軌道に乗り始めたら、今度はきっかけ動画のような基礎的なネタの他に、既に登録してくれている人が離れていかないように新鮮なトレンドネタの割合を大きくしていきましょう。

・シーズンの開始時期

ジャンルによっては通年で需要があるのではなく、新しい視聴者が増えやすい時期があります。そのような時は、再度、きっかけ動画を重点的に投稿するようにしてください。

特に、年末年始や4月は新しいことを始めようと決意する人が多いです。だから、これからあなたが発信している分野に取り組もうと考えている人のために動画を仕込んでいくのがベストです。

例えば、ターゲットが学生向けなら夏休み、ウインタースポーツなら冬になる前あたりを狙うなど、ジャンルごとに狙い目の時期は違います。あなたのジャンルのきっかけ動画を投稿すべきなのはどのタイミングなのか、最適な時期を見極めてください。

初心者がやりがちなダメなネタ

トレンド動画やきっかけ動画は、あくまで伸びやすいネタの王道パターンなので、もちろんそれ以外にも伸びそうなネタを投稿するのは構いません。

しかし、次のような動画を上げるのは、メリットよりもデメリットの方が大きくなる可能性が高いと思ってください。

①ジャンルやターゲットが異なるネタ

ジャンル選定のところでも解説しましたが、ジャンルを一度決めたらブレずに1つのジャンルに定めて運営し続ける必要があります。他のジャンルのネタを投稿すると、チャンネル内に複数の属性の視聴者が混在してしまうので、チャンネル全体にダメージを与える可能性すらあるからです。

②自己紹介動画、報告動画

あなた自身に特徴があり、視聴者があなたの人物像を知りたがっている場合は自己紹介動画が必要な場合もありますが、チャンネルが育っていない状態では、視聴者はあなた自身にそれほど興味を持って

いません。

有名YouTuberや芸能人の場合は、そのような動画でも伸びている
ケースはありますが、彼らは既に視聴者から認知されているので、彼
ら自身に興味を持っている人が非常に多いのです。だから、視聴者は
あなたが思っている以上に、あなたに対して興味を持っていないとい
う前提で動画を投稿していきましょう。

なお、「今後のチャンネルの方針を変更します」のような投稿も同じ
理由でNGです。少なくともチャンネル登録者数が1万人超えるまで
は、試行錯誤をしながら勝手に改善を重ねても問題ありません。

③複数のテーマが混在する動画

動画は基本的に、1つの動画に対して1テーマを心がけてください。

例えば、2つのテーマを1つの動画内に入れた場合、前半のテーマだ
けに興味がある視聴者は後半を見ずに動画を閉じてしまう可能性が高
くなり、視聴維持率が悪くなってしまいます。その動画で伝えたい主
張も薄まってしまうので、視聴者の印象にも残りにくくなってしまう
でしょう。

5-1 まとめ

- 伸びるネタを探す際は、「トレンド動画」「きっかけ動画」を意
  識する
- チャンネルの状況や時期によって投稿するネタの割合を変える
- 伸びないとわかっているネタは、投稿しないように気をつける

2 超重要！動画タイトルの決め方

適当なタイトルでは動画は再生されない

　動画のネタが決まったら、次はタイトルを考えましょう。
　「とりあえず適当なタイトルを付けてアップしてみたい」と考える人もいますが、それはとても勿体ないことです。なぜなら、タイトルはあなたの動画が再生されるかどうかを左右する、非常に重要度の高い項目だからです。

　たまに有名YouTuberが「昨日お話しした件」のように適当なタイトルでアップした動画が、もの凄い再生回数を獲得しているのを見かけることもありますが、彼らの場合はどんな動画をアップしてもそこそこの再生回数は獲得することができます。

図5-2-1　有名YouTuberの適当なタイトルの動画

　しかし、スタートアップの人が彼らの真似をして適当なタイトルを付けた場合、どんなに動画の内容が良かったとしても、全く再生されないという事態にもなりかねないのです。

なぜ、タイトル付けはそれほどまでに大切なのでしょうか？

タイトルには、主に3つの重要な役割があります。

①視聴者に何の動画なのかを判断させる
②視聴者に見たいと思わせる
③検索や関連動画に載せる

1つずつ、詳しく見ていきましょう。

タイトルの役割①
視聴者に何の動画なのかを判断させる

あなたがYouTubeで視聴をする際、どんな基準で動画を選んでいますか？
多くの人が、次のいずれかにあてはまるはずです。

・好きなYouTuberの動画だから
・サムネイルが気になるから
・タイトルが気になるから

好きなYouTuberが新しい動画を投稿していたら、どんな動画であっても再生するという人は多いです。既にファンが多くついているYouTuberは、サムネイルやタイトルでどんなに手を抜いたとしても、ある程度は再生されます。
対して、無名の人の場合は、サムネイルとタイトルで視聴者が見たいと思うように工夫するしかありません。

視聴者が動画を選ぶ際には、サムネイルを見てからタイトルを見ます。その結果、興味のある内容であれば視聴されるという流れのが多いです。つまり、せっかくサムネイルを見て興味を持ってもらえたとしても、タイトルがマッチしていない場合は再生されなくなってしまうこともあるということです。これは忘れないでくださいね。

図5-2-2　サムネイルとタイトルがマッチしていない例

タイトルの役割②　視聴者に見たいと思わせる

　タイトルの役割は、サムネイルの補助だけではありません。魅力的なタイトルは、思わず再生してしまう魔力を秘めています。
　例えば、あなたが何の知識も無い状態で動画編集をするためのパソコンを探していたとして、YouTube上で情報収集をしていたら、同じ内容、同じサムネイルの2つの動画を見つけたとします。

A：動画編集用パソコンの選び方
B：【202〇年版】小学生でもわかる！コスパ最強 動画編集用パソコンの選び方

　あなたなら、どちらのタイトルの動画を再生しますか？
　間違いなく、Bの方が魅力的に感じるでしょう。
　Aに比べてBは、次のような魅力が感じられます。

- 【202○年版】…最新である
- 小学生でもわかる…優しく説明してくれる
- コスパ最強…値段もスペックも妥協しない

　たった1行のタイトルですが、これだけの「視聴者を惹きつける要素」が含まれているのです。何の動画なのかを伝えるだけであれば、素っ気ない最低限の言葉を入れておけば問題ありませんが、惹きつける言葉が含まれているだけで、クリックされる確率をぐんと上げることができます。

タイトルの役割③　検索や関連動画に載せる

　タイトルの役割①と②が発揮されるのは、既に視聴者のおすすめ動画や関連動画に表示されていたり、検索で発見されていることが前提となります。つまり、視聴者の画面に表示されなければ、他の動画と比較される土俵に上がることすらできないのです。

　そこで何よりも重要なタイトルの役割が、「検索や関連動画に載せる」というものです。もし、あなたが動画編集に使うパソコンを探している際に「選び方から教えて欲しい」と思ったとしましょう。その場合、どんなキーワードで検索をかけるでしょうか？

　おそらく「動画編集　パソコン　選び方」みたいに検索しますよね。

　となると、動画のタイトルに「動画編集　パソコン　選び方」のキーワードが入っていない動画は、この検索結果に表示されない可能性が高い。なぜなら、YouTubeがその動画が何についての動画なのかを判断する際に、最も重視するのがタイトルだからです。

検索結果だけでなく、関連動画に載せる際にもタイトルは重要です。ライバルが「動画編集用パソコンの選び方」という動画をアップしていた場合、その関連に載りたければタイトル内に同じキーワードを入れる必要があります。

　視聴者を意識するのももちろん大切なことですが、YouTubeのアルゴリズムを意識することも非常に大切なのです。

図5-2-3　ライバルの動画のキーワードと同じものを入れる

再生されやすいタイトルの付け方

　どのようなタイトルを付ければ、失敗がないのでしょうか？
　タイトルの役割を考えると、以下の条件すべてを兼ね揃えているのが理想です。

> ・サムネイル、動画の内容に矛盾しない整合性がある
> ・思わず見たいと思わせる魅力がある
> ・YouTubeのアルゴリズムを意識したキーワードが入っている

　でも、すべての条件を満たしたタイトルなんて滅多に思いつかないですよね。そこで、私は次のようなタイトルの型に当てはめることをおすすめしています。

5-2　超重要！動画タイトルの決め方

> インパクトワード＋パワーワード＋検索・関連キーワード

新しい言葉が出てきましたね。

実は、先ほど例に出したタイトルも、この型に当てはめて作ったものなんです。

> 【202○年版】小学生でもわかる！コスパ最強 動画編集用パソコンの選び方

それではこのタイトル例を分解して、それぞれのキーワードがどのようなものなのかを見ていきましょう。

◉インパクトワード

> 【202○年版】小学生でもわかる！コスパ最強 動画編集用パソコンの選び方

インパクトワードとは、タイトルの頭に付ける【】で囲まれた言葉のことです。これはどんな種類の動画なのかを印象付けるための記号として、入れることが多いです。

よく使われるものとしては、【衝撃】【閲覧注意】のような動画の中身の凄さを想像させるようなものや、【202○年版】【永久保存版】【有料級】のように新しさや希少性を表現できる言葉を入れたりするものがあります。

自分でオリジナルなものを考えても構いませんが、ライバルのネタに被せる場合などは、あえて同じインパクトワードを使うと良いでしょう。

◉パワーワード

【202〇年版】<u>小学生でもわかる！</u> コスパ最強 動画編集用パソコンの選び方

　視聴者に思わず「見たい！」と思わせるような魅力的な言葉がパワーワードです。これらの言葉を見ると、人は思わずクリックしたくなってしまいます。

　　・小学生でもわかる
　　・99％の人が間違っている
　　・〇〇を使うだけで
　　・〇分でできる
　　・たった〇日で
　　・〇選

　ここで挙げたもの以外にもたくさんのパワーワードがありますが、次のようなポイントを意識すると見つけやすいです。

- 簡単さをアピール：小学生でもわかる、おばあちゃんでもわかる
- 不安を煽る：99％の人が間違っている
- 手軽さをアピール：〇〇を使うだけで
- 具体的にイメージさせる：数字を入れる（〇分でできる、たった〇日で、〇選など）

◉検索・関連キーワード

【202〇年版】小学生でもわかる！コスパ最強 動画編集用パソコンの選び方

　YouTubeのアルゴリズムを意識したキーワードです。その動画はどのような言葉で検索してほしいのか、ライバルがどのようなキーワードを使っているのかを見ながら入れていきましょう。

　前述の例であれば、「動画編集」「パソコン」「選び方」が検索・関連キーワードにあたります。これら3つのインパクトワード、パワーワード、検索・関連キーワードをバランスよく入れることで、魅力的で再生されやすいタイトルを作ることができます。

タイトル付けの注意点

　基本的には、前述の型に当てはめればタイトル付けで失敗することはありませんが、いくつか注意してほしい点もあります。

◉タイトルの注意点①　単語の羅列にしない

　「インパクトワード、パワーワード、検索・関連キーワードをなんと

か全部入れないと！」という意識を持つのは大切なことですが、自然な文章になっていることが望ましいです。「動画編集　パソコン　選び方」のように、ただの単語の羅列だけになってしまうと、視聴者にもYouTubeにも不自然なタイトルだということが伝わってしまいます。

◉ただの単語羅列の例

・筋トレ　腹筋　初心者　シックスパック
・YouTube　始め方　スマホ
・MacBook　初期設定　やり方

図5-2-4　キーワードを羅列しただけのタイトルはNG

◉タイトルの注意点②　文字数は30文字を目安に

　動画のタイトルは、長すぎると全て表示されないことがあり、表示されなかった部分は「…」で表示されてしまいます。
　YouTubeにはキーワードとして認識されているのですが、視聴者には前半の部分しか見えていません。だから、全て表示されるように、30文字前後で収めるのが理想的です。
　ただし、あまりに短すぎても勿体ないです。表示される文字数ギリギリまで、視聴者やYouTubeにアピールできる言葉はしっかり入れるようにしましょう。

5-2　超重要！動画タイトルの決め方

◉長すぎるNGタイトルの例

【永久保存版】本場イタリアのトラットリアで修行した超一流シェフが教える超簡単ボロネーゼを家庭で作る方法

◉短すぎるNGタイトルの例

美味しいボロネーゼの作り方

5-2 まとめ

- ファンがつくまでは、適当なタイトルでは再生されない
- 視聴者に対してもYouTubeのアルゴリズムに対しても、気を配る必要がある
- 「インパクトワード＋パワーワード＋検索・関連キーワード」の型を使えば失敗しない

3 | 再生回数の鍵：
動画の前にサムネイルを作る

視聴者はサムネイルで動画を選ぶ

　動画が視聴者に選ばれる際に重要なのは、タイトルだけではありません。

　5-2で「視聴者が動画を見るかどうかを判断する際には、サムネイルとタイトルが重要」という話をしましたが、その順番は「サムネイル→タイトル」です。つまり、サムネイルが視聴者の目に止まらなければ、あなたの動画がおすすめ動画や関連動画に表示されても再生されなくなってしまいます。

　特に、最近ではYouTubeの視聴者はスマホからの人がほとんどです。小さなスマホの画面を高速でスクロールされたとしても、あなたの動画のサムネイルが表示された時点でピタッと止まって再生させるための工夫が必要なのです。

サムネイルは動画の中身以上に重要

　YouTubeは動画を視聴するためのプラットホームなので、一番重要なものは「動画の質」だと思われる方がほとんどだと思います。そのため、動画作成にだけしっかりと時間をかけ、サムネイルは適当に作ってアップロードしてしまうという投稿者が多いのですが、それはとても勿体ないことです。

　もちろん動画の中身もすごく重要なのですが、私はどちらかというとサムネイルの方が重要度が高いと思っています。サムネイルで興味を持ってもらえない限り動画は視聴されません。したがって、作成す

る順番も、動画自体よりもサムネイルを先に作ることをおすすめします。なぜなら、動画が完成した後に、それにマッチするサムネイルを作ると、表現の幅が狭まってしまったり、タイトル、サムネイル、動画の内容の整合性をとるのも困難になるからです。

　だから、どんなサムネイルなら視聴者は再生をしたくなるかということから考え始め、まずは最高のサムネイルを作ることに注力しましょう。

サムネイルに求められる４つの要素

　では、視聴者はどんなサムネイルを見たときに再生したいと思うのでしょうか？
　意識すべきは、次の４つの要素です。

> ・インパクト
> ・クオリティ
> ・世界観
> ・期待度

　この中の１つでも欠けると、再生される可能性が下がってしまう可能性が高いと思ってください。

●インパクト

そのサムネイルが表示されたときに、視聴者がピタッと手を止めざるを得ないようなインパクトは非常に大切です。詳しくは後述しますが、インパクトは画像と文字の組み合わせで作り出すことが可能です。

衝撃的な写真が表示されたり、大きい文字で気になることが書かれていたら、思わずスクロールしていた手を止めてしまいますよね。

図5-3-1　大きい文字や派手な要素を入れてインパクトを出す

●クオリティ

インパクトがあれば、どのようなサムネイルでも良いわけではありません。画像の切り抜きが雑であったり、文字と文字が重なってしまっていたりと、クオリティが低いサムネイルはクリックされない可能性が高いです。

サムネイルのクオリティが低いと、動画の中身も大したことないのではないかという先入観を与えてしまいます。シンプルなデザインでも問題はありませんが、少なくとも詰めが甘いと思われないように、きちんと細かいところまで気を配るようにしてください。

図5-3-2　サムネ画像の細部まで気を使わないとクオリティダウン

画像のサイズとサムネの縦横比が合っていないため、左右に黒い線が入っていたり、配置の際にズレてしまっているものを見かけることがあります。素人っぽさ丸出しですよね。

●世界観

　動画を作る際には、そのジャンルにマッチした世界観や雰囲気を演出しなければいけません。例えば、シンプルでスマートな生活をしているミニマリストの動画の雰囲気がごちゃごちゃしていたら台無しですよね。

　サムネイルでも同じことが言えます。動画の雰囲気がシンプルでスッキリしたものなのであれば、サムネイルも同じようにシンプルな世界観に合わせないと、視聴者の想定と動画の内容が違うということにもなりかねません。

図5-3-3　コンセプトとマッチしたサムネイルで世界観を演出する

画像提供：Minimalist Takeruさん

> ミニマリストYouTuberの場合、文字をごちゃごちゃたくさん入れると世界観が壊れてしまいます。スッキリした部屋の写真と共に、文字もシンプルで簡潔に入れることで世界観の演出ができます。

◉期待度

　サムネイルの役割は、視聴者を惹きつけ、動画の本編を見させることです。つまり、サムネイルを見ただけで満足させるのではなく、動画の中身を見ずにはいられなくなってしまうような仕掛けが必要なのです。

　インパクトもクオリティも世界観もバッチリな動画でも、なぜか選ばれないという場合は、サムネイルを見ただけでなんとなく動画の内容や結末が予想できてしまっている可能性が高いです。「え、どうなっちゃうの？」「それってどういうこと？」「もっと詳しく知りたい」となるように視聴者の気を引き、動画の中で答え合わせができるようなサムネイル作りを心がけてください。

サムネイルを作る際の注意点

　私がYouTubeでアドバイスをする際に、一番力を入れているのがサムネイルです。

　今まで数千に及ぶチャンネルのサムネイルを見てきましたが、本当にきちんとできている人はほとんどいません。だから、ここではよくあるダメなサムネイルの事例を紹介し、どのように改善すれば良いかを解説していきます。

◉文字が目立たない

　大きな画面で画像を作っている時は気づきませんが、YouTube上でサムネイルとして表示される時は、作っている時と比べるとずっと小さく表示されるので、文字が読めないくらい小さくなったり、細すぎて存在感がなくなってしまうことが多いです。

　文字を入れるのであれば、しっかり存在感を意識して太いフォントを選び、文字数は最小限に抑え、背景とのコントラストを強くしてしっかりと存在感を出さなければいけません。

　例えば、文字にアウトラインを付けたり、影を付けることでしっかりと目立たせましょう。

◉色が多すぎる

　文字を入れる際は、色使いにも注意しましょう。カラフルにした方が目立つと思い、赤、青、オレンジ、緑など、メチャクチャに色を投入して失敗しているパターンもよく見かけます。

　失敗しないおすすめの配色は、白、黒、グレーなどのモノトーンに1色だけ追加したものです。複数の色を使う時は、様々なメディアや広告の表現を真似すると失敗が少ないです。

●画像が汚い

　文字よりも画像を中心に置いた写真の場合、写真のクオリティはとても重要です。

　よくある失敗例としては、暗いところで遠くにある被写体をスマホのインカメラで撮影することで起こる画像の荒さです。最近のスマホはかなり性能が上がっていますが、暗い場所だとどうしても荒くなってしまいます。

　なお、インカメラだと解像度が低いこともあるので、外側のカメラを使うことをおすすめします。理想は一眼レフで背景のボケ感を演出できたらベストですが、iPhoneのポートレートモードなどでも再現可能です。

　もう1つ、写真を撮る時は余計なものが写らないように注意しましょう。せっかくおしゃれな写真なのに、ティッシュの箱などの生活感のあるアイテムが写り込んでいたりすると一気にクオリティが落ちます。

●詰め込みすぎ

　サムネイルではできる限り情報量を少なくすることを意識しましょう。1つのサムネイルにつき、1メッセージが理想です。

　複数の写真を無理やり入れたり、文字を2文以上入れたりすると、結局何についての動画なのかがわかりにくくなってしまいます。「〇〇と□□と△△と…」では、メッセージがぼやけますよね。

　シンプルにガツンと、1つだけを伝えるつもりで作りましょう。

5-3　再生回数の鍵：動画の前にサムネイルを作る

サムネイルはどうやって作る？

　クオリティの高いサムネイルを作るためには、「Photoshop」のようなソフトを使わないといけないのではないかと心配する人も多いと思います。ですが、実は専用のソフトを購入しなくても、ハイクオリティなサムネイルを作ることが可能です。

　ここでは無料の方法を3つと、お金をかける方法を1つ紹介しましょう。

●動画編集ソフトで作る

　画像の作成は、実はあなたが使っている動画編集ソフトでも可能です。画像とテロップをちょうどいい配置にして、プレビュー画面のスクリーンショットを撮ることで、十分クオリティの高いサムネイルが作れます。

　「Premiere Pro」や「Final Cut Pro X」なら画像書き出しの機能がついているので、それをそのままサムネイルに設定することが可能です。

●「Canva」で作る

　本書でも紹介した、ブラウザ上で画像を作成することができるサービス「Canva」でも、サムネイルを作ることができます。カッコいいテンプレートも用意されていますし、使えるフォントも豊富です。ただし、文字の装飾ができるバリエーションが少ないので、どうしてもシンプルな表現になってしまうのが残念です。

●「Phonto」で作る

　サムネイルは、パソコンだけでなくスマホ上でも作成することができます。無料で使える「Phonto」というアプリを使えば、画像と文字を組み合わせてカッコいいサムネイルを作ることも可能です。装飾のバリエーションも豊富なので、「Canva」よりも表現の幅は広がるでしょう。ただ、スマホの小さい画面で操作するので、操作に若干の慣れが必要です。

図5-3-5　スマホでサムネイルが作れるアプリ「Phonto」

●「ココナラ」で外注

　YouTube運営には企画、ネタ作り、撮影、編集、分析、マネタイズなど、覚えなければいけないことが沢山あります。そんな中で完璧なサムネイルを作ろうと思ったら、一からデザインについて勉強をして、「Photoshop」を契約して使い方を覚えて、再生回数が上がりやすい構図にするために試行錯誤するなど、膨大な時間と労力がかかってしまうでしょう。

　だから、お金はかかってしまいますが、サムネイルの作成はプロに任せる（外注する）というのも手です。

　外注をする場合、大体の相場は1000円から1500円です。その程度の金額でプロに作ってもらえるのであれば、十分に支払う価値があります。

外注先はクラウドソーシングサイトなどで探す方法が一般的ですが、おすすめは「ココナラ」というサイトです。サービス出品者の方のポートフォリオが公開されているので、優秀な人を素早く見つけることができます。

図5-3-6　サムネイルを手軽に発注できるサイト「ココナラ」

> **コラム** 再生回数が伸びるサムネイルをスマホで作る
>
> 　サムネイルの重要性をわかっていても、再生回数が伸びるサムネイルを具体的にどのように作ればいいのかわからない。そんな人のために、手軽にスマホだけで良質なサムネイルを作る方法をまとめた動画を、私のチャンネルで公開しています。
> 　ぜひ参考にしてみてください。
>
>
>
> YouTubeの動画へアクセス!!

5-3 まとめ

- サムネイルは視聴者が動画を選ぶ際の最重要ポイント
- インパクト、クオリティ、世界観、期待度の４つの要素を意識する
- 文字を目立たせ、綺麗な画像を使う
- メッセージは詰め込みすぎない
- 無料でも作れるが、プロに任せるのがおすすめ

4 長く再生し続けてもらえる動画の構成とは

長く再生されると動画の評価が高くなる

　サムネイルやタイトルを見た視聴者があなたの動画を選んでくれたら、それでおしまいではありません。当然ですが、あなたの動画をしっかり見てもらわなくてはいけませんよね。

　サムネイルではものすごく衝撃的な内容を期待させておきながら、実際の動画は大したことがなかった場合は、視聴者は容赦なくその動画から離脱してしまいます。

　実は、視聴者がどれだけの時間再生したかというデータは、YouTube側でしっかり計測されており、その動画を他の人のおすすめに表示するかどうかの指標としても使われています。だから、再生時間は軽視できない重要なポイントなのです。

当然、視聴者はあなたの利益のために、わざわざ長い時間再生してあげようなどと考えることはありません。面白くてのめり込んでしまうような良い動画であれば最後まで視聴されますし、つまらなくて退屈な動画であったらすぐに閉じられてしまいます。

　では、視聴者に離脱されない、長く再生される動画はどのように作れば良いのでしょうか？

視聴時間は意図的に長くできる

　「離脱されない面白い動画を作らなければいけない！」と考えると、ものすごくハードルが高いように感じるかもしれませんが、それほど身構えることはありません。視聴者の期待を「悪い意味で裏切らない」ことだけを意識しておけば大丈夫です。

　もちろん、視聴者の期待を良い意味で裏切る最高の動画が作れればベストなのですが、そんな動画を作るのには相当なセンスが必要ですし、誰にでもできることではありませんからね。

　動画を閉じる理由がなければ、視聴者が動画を見続けてくれる可能性は高くなります。よって、視聴者が離脱しがちなポイントを潰しておきさえすれば、結果として、あなたの動画の視聴時間を伸ばすことに繋がるというわけです。

視聴者が離脱したくなるタイミングとは

　はたして、視聴者はどのようなタイミングで動画を閉じてしまうのでしょうか？

　大きく分けると、以下3つの離脱タイミングがあります。

- ストレスを感じた時
- 期待が外れた時
- 見る理由が無くなった時

◉ストレスを感じた時

　内容自体は良いのに、途中で閉じたくなる動画があります。それは、音声や映像に苦痛を覚える動画です。例えば、ずっと雑音が入っていたり、BGMが大きすぎたりすると、肝心の動画の内容が聞き取りにくいですよね。映像にしても、画面が暗かったり、テロップが見にくかったりするとストレスを感じます。

図5-4-1　内容以外の要素でストレスを感じさせてもアウト

　他にも「えーっと」「あのー」などの喋りがもたついている部分があったり、長すぎるオープニングムービーが流れるのもNGです。視聴者に「聞こう！」という努力を課してはいけません。何も考えることなくボーっと見ていられるような、ストレスフリーの映像を作る必要があります。

◉期待が外れた時

　視聴者は動画を見る前にサムネイルやタイトルを見て、それがどん

な動画なのかをある程度予想します。しかし、実際の動画が期待していたものと全然違うものだった場合は、見るのをやめてしまいます。

サムネイルとタイトルは、現実世界に置き換えるとお店の看板にあたります。例えば、洋食屋さんの看板やメニューを見る限りはボリュームたっぷりの太いエビフライが写っているのに、実際に運ばれてきたものが衣ばかりの細いエビフライだったらどうでしょうか？

おそらく、次の訪問はないですよね。

動画でも同じことが言えます。

サムネイルやタイトルで期待を煽っておきながら、実際の動画では全く別の話題や、大したことのない内容の動画だったら、すぐに見るのをやめてしまうでしょう。

いわゆる「釣り動画」は、クリックされる可能性は高いですが、視聴時間が極端に短くなる恐れがあります。期待感を持たせることは大切ですが、「サムネイル、タイトル、動画の内容」の整合性がとれた動画でないと意味がないのです。

図5-4-2　サムネイルと動画の内容がズレていると離脱される

● 見る理由が無くなった時

よく聞くYouTubeの動画構成アドバイスに、「結論を先に言いましょう」というものがあります。確かに、結論を先に言うことで視聴者の満足度は上がります。ダラダラと本題を先延ばしにして最後の方

まで引っ張っている動画は、ストレスが溜まりますよね。

　とはいえ、最初のうちに動画の結論を発表することで視聴者が満足してしまったら、その後の動画を見る理由がなくなってしまうことも確かです。

　他にも、1つの動画の中の前半でその動画の肝の部分をほぼ語り尽くしてしまい、後半がえらい薄い内容（全く別の話題すらある）になってしまっている動画。前半で一区切りついてしまったら、それだけで満足してしまう視聴者がいるため、その時点で一気に離脱してしまいますよね。

図5-4-3　関係ない話でダラダラと引き延ばさない

視聴時間爆上がり！鉄板の動画構成術

　ストレスを感じさせない動画作りと、期待を外さない動画作りについては、心がけ次第で実現が可能です。しかし、「見る理由を無くさないための動画構成」というのは、ただ気を付けるだけでは無理です。

　そこで、視聴時間が伸びやすい、失敗しない動画構成の方法を伝授しましょう。

　次の法則に当てはめて動画作りをしていくと、不思議と視聴時間が長くなります。

①謎を残した主張

　↓

②挨拶

　↓

③チャンネル登録のお願い

　↓

④主張の補足説明

　↓

⑤主張の核心

　例として、YouTube の攻略情報をお伝えする動画で次のような主張をする場合の構成を考えていきます。

『**動画もサムネイルもどちらも大事だけど、サムネイルがしっかりできていないと動画が再生されないので、サムネイルの方を先に作って、それに合わせて動画を作るのがおすすめ!**』

①**謎を残した主張**

　動画が始まったら、すぐに本題へ入ってください。

　動画の出だしにオープニングムービーを入れたり、挨拶や自己紹介から始まるというパターンが多いと思いますが、視聴者が一番興味があるのは本題です。その意味では、「先に結論を言う」を実践しても構いません。

　しかし、ここで注意しなければいけないのは「え、それってどういうこと？」という謎を残しておくということです。

　今回の例では、上記の主張がまるごと動画の結論にあたるのですが、これを動画の最初に言ったら視聴者はどのように感じるでしょうか？

　「なるほど、そういう主張なのね」と、その時点で動画の全貌がわ

かってしまい、その先を見る理由が無くなってしまいますよね。

　だから、ここでは多くを語らず「動画よりもサムネイルを先に作りましょう」ということだけを伝えます。それだけを聞いた視聴者は、その理由を知りたがり、この先を見ずにはいられなくなるというわけです。

②挨拶、自己紹介

　一番最初に自己紹介を入れると、あなた自身にタレント性が無いと離脱されてしまう恐れがあります。だから、動画の出だしで視聴者の心を掴んだ上で、自分がどのような発信をしている何者なのかを伝えると良いでしょう。

③チャンネル登録のお願い

　「チャンネル登録お願いします」という、YouTuberがよく言うテンプレのような言葉がありますが、これは動画の最後に言っても効果は薄いです。

　理想としては、動画の序盤、自分のチャンネルではどのような発信をしているのかを紹介した後が望ましいです。「ああ、この人はこういう動画を作っている人なんだ」と知ってもらったタイミングでお願いをした方が、チャンネル登録をしてくれる確率が高くなります。

大人気芸人の動画ならラストの「お願い」もアリですが…

④主張の補足説明

ここからが動画の本題です。

一番最初の不完全な主張を補足していくことで、信憑性を高めていくことができます。今回のテーマの場合は、「なぜサムネイルを先に作るべきなのか」という理由の部分をしっかり語っていくことになります。

ここでは、視聴者がどのように疑問を持っているかというところを考えながら話を組み立てていきましょう。自分のことを論破しようとしている人を説得するつもりで、想定される反論を覆していくと信憑性が高くなります。

⑤主張の核心

一番最後のまとめです。

結局、この動画ではどのようなことを言いたかったのかを簡潔にまとめましょう。最初にあった謎の部分が全てスッキリした状態になり、視聴者の満足感も高くなっているはずです。

もし、最後まで見て納得がいかないという視聴者がいた場合、コメントで補足を入れてくれたり、自分の意見を言ってくれる可能性も高くなります。

なお、コメントや評価ボタンによる視聴者の反応は「エンゲージメント」といい、これも動画の評価に影響を与える大切な要素となっています。

注意!

よく頂く質問で「視聴維持率は何％くらいあれば良いですか？」というものがあります。これに対する私の回答は、「動画の長さによります」です。

動画の長さが長くなるほど、視聴維持「率」は高くなりにくいです。

大体の目安は、次の通りです。

5-4 長く再生し続けてもらえる動画の構成とは

5分の動画：50〜60%

10分の動画：40〜50%

15分の動画：35〜45%

■無理な引き伸ばしは逆効果

　どんなジャンルの動画でも、「その先を期待させる」という基本は一緒です。しかし、無理に引き伸ばすのもよくありません。

　ジャンルによっては長い動画は求められていない可能性もあるので、その場合は視聴者が求める長さで終わるのがベストです。

　例えば、音楽や歌のチャンネルの場合、視聴者は曲を聞くのに専念したいはずなので、わざわざトークを挟んだりしてもったいぶるのは逆効果です。

　「視聴者がその動画に求めるものは何か」という点を、見失わないように気をつけてください。

5-4 まとめ

● 動画の試聴時間が長くなると、評価が上がりやすくなる

● 途中で離脱されないことを意識すれば、視聴時間は延ばせる

● 構成を工夫して、動画を最後まで見る理由を作り出す

● 無理に尺を伸ばしても視聴時間は伸びない

5 編集は時短を心がけること！

次はいよいよ動画の制作へ

　動画構成が決まったら、いよいよ実際に動画を作っていく段階へ進みます。撮影をせずに素材を組み合わせ編集をするだけで完結するジャンルもありますが、多くの場合は撮影をした動画を編集することで完成形が出来上がります。

　ただ、撮影のノウハウについて深く解説しようと思ったら、それだけで1冊の本が書けてしまうくらいのボリュームになってしまいます。また、画質に相当なこだわりがない限りは、特別な機材がなくても誰でも手軽に撮影ができてしまうので、ここでは要点だけをざっくりと説明しますね。

YouTube動画撮影のポイント

◉カメラはスマホでOK

　YouTubeの動画撮影で使用するカメラは、スマートフォンのカメラを使うことをおすすめします。最近のスマホに付属しているカメラはどんどん高性能になっており、市販のハンディカムなどと比べて遜色のない綺麗な映像を撮影することができます。わざわざお金をかけて高いカメラを購入しなくても、高画質の撮影ができるので、特別なこだわりがない限りはスマホのカメラだけでOKです。

　もし資金に余裕があり、背景をボケさせるような撮影をしたい場合は、動画撮影ができる一眼レフカメラを購入しても良いでしょう。た

だし、設定が難しかったり、適切なレンズ選びが必要だったりするので、しっかり下調べをしてから購入してください。

最近のスマホでは高画質の録画が可能ですが、必ずアウトカメラ（画面と反対側のカメラ）で撮影するようにしてください。インカメラの方が画面で自分の姿を確認しやすいというメリットはあるのですが、アウトカメラと比べると画質が劣ることが多いです。

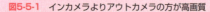

図5-5-1　インカメラよりアウトカメラの方が高画質

◉明るさをしっかり確保する

　たとえ高性能のカメラであっても、撮影環境が悪いと性能を十分に発揮できないことがあるので注意が必要です。特に、薄暗い部屋で撮影をすると、画面がチラついて映像に荒さが出てしまいます。部屋の明るさはしっかり確保し、可能であればもう1つライトを購入すると良いでしょう。

　Amazonなどで販売されているリングライトという商品は、丸いライトの中心にスマホをセットすることができ、明るさも十分なのでおすすめです。

図5-5-2 リングライトなら手軽に明るさを確保できる

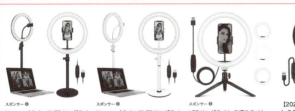

> Amazonで「リングライト」と検索すると、数千円で購入できるライトがたくさん見つかります。プロ仕様のものと比べると性能は劣りますが、十分な明るさを確保することができます。

●カメラに近づきすぎない

たまに、画面いっぱいに肩から上くらいを撮影した人がドアップで映っている動画を見かけることがありますが、撮影をする際にカメラに近づきすぎると圧迫感があり、視聴者にストレスがかかります。ある程度の距離を保ち、頭のてっぺんから腰くらいが映るくらい離れて撮影をするのがちょうど良いでしょう。

図5-5-3 カメラに近づきすぎると圧迫感がある

5-5 編集は時短を心がけること！

◉世界観に気を配る

撮影をする際には、余計なものが映り込まないように気をつけましょう。例えば、ビジネスで大金を稼ぐ方法についてのレクチャーをしているのに、背景が和室のボロアパートであったり、清潔感のない首元がヨレヨレのTシャツを着ていたりしたら説得力に欠けます。

反対に、素朴でピュアなイメージの女の子という設定なのにも関わらず、高級家具やブランド品ばかりの部屋で撮影しているのも違和感がありますよね。

顔出しをするYouTuberはありのままの自分を見せるのでなく、自分のキャラクターに合った格好と撮影環境を用意することが重要です。

以上、撮影についてはジャンルによって注意しなければいけないポイントが異なりますが、顔出しをして話をするスタイルの動画であれば、上記のようなポイントに気をつければOKです。

動画編集は食材（素材）の調理

動画の撮影が終わったら、次は編集作業です。撮影した動画を編集なしで公開している人を見かけることもありますが、メンタリストDaiGoさんのような抜群のトーク力がない限りは編集するべきです。

では、何のために編集をするのでしょうか？。

わかりやすいように、料理に例えてみましょう。

食材の中には調理をしなくても生で味わうことができるものもありますが、多くは調理をしなくてはいけません。食材を切ったり、味付けをしたり、火を通したりすることで、初めておいしい料理として出来上がります。

ここで言う「食材」は「撮影した映像」に、そして「調理をする工程」が「編集」にあたります。良質な食材を用意することも重要ですが、調理がいい加減では、美味しい料理を提供することはできないですよね。

YouTubeの動画においても、同じことが言えるというわけです。

図5-5-4　撮影した素材は「食材」、編集すると「料理」になる

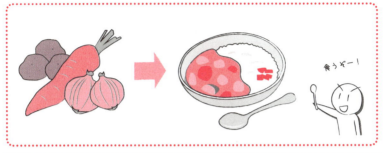

食材をそのまま食べても美味しいものもありますが、多くの料理は調理することでより美味しくなります。動画においても、素材のままより編集したものの方が質は上がります。

手間がかかる編集＝良い編集とは限らない

　優れた動画編集は、元の素材の良さをより引き出し、視聴者の満足度を上げることにつながります。間接的ではありますが、再生回数や登録者数増加にも関わる重要な作業です。

　ただ勘違いをしていただきたくないのですが、「手の込んだ編集」と「優れた編集」は必ずしもイコールというわけではありません。

編集に凝り始めるとキリがない!

　カット、テロップだけでなく、凝ったエフェクトやアニメーションを挿入したりしていると、時間がいくらあっても足りません。1本あたりの投稿にかかる時間は最小限にして、次の投稿までの間隔を短くする工夫も必要です。また、ゴテゴテと余分な編集を加えることで、逆に素材の良さをかき消してしまうケースもあるでしょう。

最小限の手間で効果的な編集を行い、視聴者の満足度が高い
動画を作ることが大切なのです。

優先順位の高い動画編集の作業とは

「動画編集」には様々な作業があります。では、限られた時間の中で、
どのような作業を優先して行うべきなのでしょうか？
　優先順位の高い順に見ていきましょう。

◉カット【重要度：★★★★★】

　動画素材の中の余分なところを取り除いていく作業が、カット編集
です。視聴者はあなたが発信する内容に集中したいと思っているので、
それ以外の部分は可能な限り削ぎ落としていくことをおすすめします。
　特に、喋りに自信がない人は、話の中に「あの〜」「えっと〜」のよ
うに余分な言葉が入ってしまったり、無言になってしまうことが多々
あるでしょう。そういったことがあまりにも多いと、視聴者はイライ
ラして、途中で視聴をやめてしまうかもしれませんよね。
　他にも、テーマの本筋から脱線したトークをしていたり、台本を確
認しているところも視聴者は見たくありません。
　つまり、カット編集は余計な部分を丁寧に取り除いていくことで視
聴維持率を高め、動画の評価を上げることに繋がる大切な作業なの
です。

◉テロップ、画像挿入【重要度：★★★★☆】

　映像の中に文字を入れたり、画像を入れる作業も、編集の優先順位
としては高いです。この作業をすることで映像がにぎやかになり、見
ていて飽きない演出となります。
　しかし、ただの映像の装飾だけのためにテロップや画像を入れると
いうのでは勿体ないです。この作業の一番重要な目的は、視聴者の理

解を補助するというところにあります。

　視聴者は動画を視聴している時は、できる限り自分の頭で考えることなく理解をしたいと思っています。自分から理解をしようと努力しなければいけないような動画は、見ていてストレスに感じてしまうのです。

　聴覚からの情報だけでなく、視覚的にイメージしやすい表現をしてあげることで視聴者の理解を補助し、ストレスなく動画を見てもらえるように工夫しましょう。

◉BGM、SE挿入【重要度：★★★☆☆】

　BGMが無い状態で喋っていると、なんとなく味気ない感じになってしまう場合がありますよね。逆に、BGMを入れると動画の世界観を演出することができます。

　SE（効果音）については、重要なポイントや笑いどころを示す補助として挿入すると効果的です。

　ただし、BGMの音量が大きすぎたり、SEがあまりにも頻繁に鳴ったりすると、むしろ視聴者がストレスを感じてしまう場合があります。BGMは話している声がクリアに聞こえ、後ろの方で少し聞こえる程度で十分です。SEについては、本当に伝えたいポイントがわかるように、ここぞというタイミングで鳴らすようにしましょう。

●テロップ、画像を動かす、アニメーション【重要度：★★☆☆☆】

　動画は静止した状態が長いと視聴者が飽きてしまい、離脱に繋がってしまいます。そこで、テロップや画像を動かしたりアニメーションを追加することで、映像に躍動感を与えることができます。

　ただし、アニメーション用のソフトと連携させなければいけないようなエフェクトを挿入するとなると、それだけで何時間もかかってしまうような場合もあります。

　簡単にドラッグアンドドロップで適用させることができるようなエフェクトであれば問題ありませんが、この工程に何時間もかけていては、その他のやるべきことに割く時間が圧迫されてしまうでしょう。

　ジャンルにもよりますが、かける時間に対しての「視聴者が得られる満足度」のコスパは、あまり良くありません。

効率の良い動画編集

　実際に動画編集をする際は、4-2で紹介した「Premiere Pro」か「Final Cut Pro X」を使うことをおすすめします。どちらもプロの編集マンが使うような機能が備わっており、操作性も良いので困ることはないでしょう。

　でも、実はこれらに加えてもう1つ、「Vrew」というソフトを使うと、動画編集にかかる時間を大幅に短縮することができます。

　「Vrew」は、話している音声をAIが自動で認識して、それを元に無音区間のカットとテロップ入れをやってくれる頼もしいソフトです。会員登録をすれば無料で使うことができます（2021年6月現在）。

図5-5-5 自動でカット&テロップ入れをしてくれるソフト「Vrew」

　まずはこのソフトを使って、カットと必要な箇所のテロップ入れをやってしまいましょう。その後、必要に応じてBGM、SE、エフェクトなどを追加していくと良いでしょう。

　「Vrew」で編集した動画は、動画のファイルとして書き出すこともできますが、実は「Premiere Pro」や「Final Cut Pro X」で編集可能なデータに変換することも可能なので、後から細かな修正を行うこともできてとても便利です。

　編集は、動画作りの中で最も時間のかかる部分です。可能な限り時間短縮をして、投稿できる本数を確保できるよう工夫していきましょう。

5-5 まとめ

- 動画の撮影はスマホのカメラでOK！
- 動画編集は、料理で言うところの「素材の良さ」を引き出すための調理
- 手間がかかる編集が優れた編集とは限らない。時短を心がけること！
- 「Vrew」を使えば、カットとテロップ入れにかかる時間を大幅に短縮できる

6 ついにきた！動画を投稿（アップロード）する！

動画とサムネイルが完成したら、いよいよ次は動画の投稿！

　ここまで動画投稿をするために様々な準備をしてきましたが、ここでついに動画を投稿していくことになります。思っていた以上に大変な作業だったのではないでしょうか？

　でも、1本目を投稿することができたら、その後は今までやってきたことを繰り返し実践し、改善を重ねていく作業を続けるだけです。何度も動画を作っていくことで、少しずつ作業には慣れていくので安心してくださいね。

YouTuber としての活動に必要な作業の最終段階です。

　気を抜かず、最後まで頑張りましょう。

1本目の動画は伸びやすい！

　動画をアップロードする前に、あらためて考えてみてほしいことがあります。

その動画、今の時点であなたが出せる全力を出して作りましたか？

5-6　ついにきた！動画を投稿（アップロード）する！　　189

もし「1本目だから、とりあえず軽く作った」というのであれば、その動画は公開しない方が良いでしょう。なぜなら、新規のチャンネルに投稿する1本目の動画は、それ以降に公開されるものと比べて、無条件に視聴者のおすすめに表示される可能性が高くなるからです。これはYouTubeが公式に発表しているわけではありませんが、実際にその傾向は顕著に表れています。

　YouTubeから与えられたせっかくのボーナスチャンスなのに、適当な動画をアップロードして使ってしまっては勿体ないですよね。

アップロードの手順

　ということで、本気の動画が用意できたらアップロードをしていきましょう。

　手順は次のようになります。

①YouTubeの画面上部にある「カメラにプラスのマークのアイコン」をクリックし、「動画をアップロード」をクリック
②「動画のアップロード」画面が開いたら、そこに作成した動画をドラッグ＆ドロップ
③詳細を記入し、サムネイルをアップロードして「次へ」をクリック
④動画の要素として、終了画面、カードの設定
⑤公開設定をして、「公開」をクリックで公開完了

　なお、③から⑤にかけては様々な項目を入力しなければいけません。

◉アップロード時に入力する必要がある項目

- ・タイトル
- ・説明
- ・サムネイル
- ・再生リスト
- ・視聴者（子供向けかどうかの選択）
- ・タグ
- ・言語と字幕
- ・撮影日と場所
- ・ライセンスと配信
- ・カテゴリ
- ・コメントと評価
- ・収益化（既に収益化されているチャンネルのみ）
- ・広告の適合性（既に収益化されているチャンネルのみ）
- ・終了画面の追加
- ・カードの追加
- ・チェック
- ・公開設定

　これだけ数があると、さすがに混乱してしまいますよね。

　ここでは、特に気をつけなければいけない項目をピックアップして、どのように入力したら良いかを解説していきます。

◉説明

　動画の下にある「動画説明欄」に説明文を入れます。「チャンネルについてのお知らせ」がある場合は、ここに入れておきましょう。私のチャンネルの場合は、自身が運営しているブログや公式LINEへの誘導や、イベントを開催する際のお知らせを入れたりしています。

なお、説明欄でハッシュタグ（#）を付けた後に入力した文字は、動画再生画面でタイトルの上に表示されるので、より多くの視聴者に説明欄を見てもらいたい場合は、「#イベントの詳細は説明欄をご覧ください」と入れておくと良いでしょう。

　他にも、目次を入力しておくと、動画の中の指定した箇所にジャンプできるような設定をすることも可能です。これを「チャプター機能」と言います。そのチャプターが始まるタイミング（タイムスタンプ）を記入していくと、見たいポイントにジャンプできるようになります。

　チャプターを設定をしておくと、Googleの検索画面であなたの動画がヒットした時に、動画の中のチャプターも一緒に表示されることがあるので、検索から流入してくる視聴者のクリック率を高めることにもつながります。

　チャプター機能を有効にするためのルールは、次の通りです。

- 最初は0:00から始める
- タイムスタンプは半角で入力する
- タイムスタンプとチャプター名の間に半角スペースを入れる
- 1つのチャプターは10秒以上にする
- 昇順で3つ以上のチャプターを設定する

図5-6-1　動画説明欄に入力する内容の例

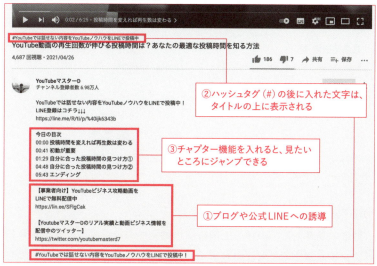

●収益化（既に収益化されているチャンネルのみ）

　動画の収益化が完了しているチャンネルに限り、この設定項目が表示されます。広告のオンオフの設定や、表示させたい広告の種類を選択することができます。

　広告の配置については、動画の前・中・後にそれぞれ設置することができますが、動画の途中で表示される広告（ミッドロール）については、8分未満の動画では設置することができません。

●広告の適合性（既に収益化されているチャンネルのみ）

　投稿しようとしている動画に広告を適用しても問題が無いかどうかについて、自分で評価を入力するページです。自分の動画で当てはまるものがあればチェックを入れていきましょう。

　場合によっては広告を制限されてしまう可能性もありますが、常に正しい評価を入れることを続けていれば、動画の収益化ができるか否かを即時に判断され、長い時間保留にされることが少なくなっていくことにつながります。

図5-6-2　広告の適合性チェック

● **終了画面の追加**

　動画のラストに、20秒を上限に次の動画への誘導やチャンネル登録ボタンを設置することができます。再生回数を伸ばすためには、同じチャンネル内の動画を見続ける「循環率」が重要です。少しでも循環率を高めるために、可能な限り設定しておきましょう。

図5-6-3　終了画面を設定すれば循環率が高まる

動画のラスト20秒間は最新の動画、視聴者に合わせたおすすめ動画、チャンネル登録ボタンなどを設置することができます。

●公開設定

投稿した動画の公開状態を、「非公開」「限定公開」「公開」の中から選ぶことができます。即時公開をするのではなく、自分で公開時間を設定することも可能です。自分のチャンネルの視聴者層に合わせて、何曜日の何時に公開するかを考えておくと良いでしょう。

図5-6-4　公開設定の設定

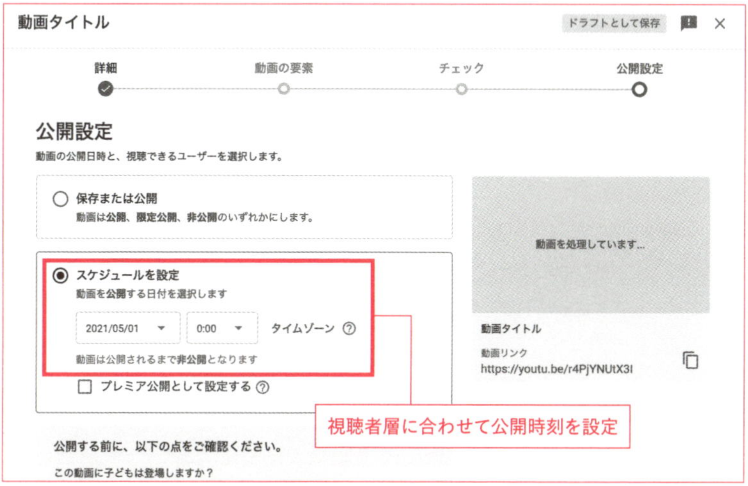

動画の投稿頻度の目安

動画の投稿は、可能な限り頻繁に行った方が良いです。以前は私も毎日投稿していた時期があり、その時は爆発的に登録者を増やすことに成功したものです。

ただし、今は必ずしも毎日投稿しなくても良いと考えています。なぜなら、毎日投稿をすることで、動画のクオリティが落ちてしまうというケースが多いからです。

**投稿頻度はできるだけ高くした方が良いのですが、
それは質が落ちないことが大前提となります。**

「量」か「質」かを問われたら、もちろん両方とも大事なことなのですが、量を増やすためにいい加減な動画を投稿することがあるのでしたら、多少頻度が落ちたとしても「質」を重視するべきなのです。

YouTubeは、日々の投稿を積み重ねることで伸ばしていくメディアです。一歩一歩、着実に良い動画の投稿を続けていきましょう。

5-6 まとめ

- 1本目の動画は再生回数が伸びやすい。だから、特に自信のある1本を投稿すべき
- 動画投稿の設定は再生回数にも関わるので、適当にやってはいけない
- 投稿頻度も大事だが、動画のクオリティを落とさないことの方が重要

7 | プレミア公開で
視聴者と交流して
コアなファンを獲得する

YouTuberと視聴者が交流できるのが
プレミア公開

　YouTubeの動画を投稿する際、通常の動画投稿の他に「プレミア公開」という公開方法を選ぶことができます。

　通常の投稿の場合、視聴者は好きなタイミングで動画を再生したり、スキップしたり巻き戻したりできるのですが、プレミア公開の場合は、公開時刻と同時に全視聴者が同じタイミングで同じ動画を視聴することになります。その間、動画のチャット内で視聴者とクリエイター同士で同じ話題で盛り上がることができ、結果として視聴者がよりコアなファンになるきっかけとなります。

　なお、プレミア公開終了後は、他の通常公開と同じ状態になります。

　YouTubeチャンネル発展のためには、リピーターの存在が欠かせません。同じ視聴者が何度もあなたのチャンネルを訪れ、多くの動画を視聴してくれることで、チャンネルの評価向上につながるのです。だから、プレミア公開の機能を利用して、効率的にリピーターを増やしていきましょう。

プレミア公開で視聴回数を増やせる!?

　プレミア公開のメリットは、ファンと「触れ合える」ことだけではありません。プレミア公開の予約をすると、視聴者のおすすめ欄に告知が表示され、あなたの動画が公開されるということをしっかり印象づけることができるのです。

例えば、今日の17:00にプレミア公開される動画の投稿予約を12:00に行ったとします。すると、12:00の時点で視聴者のおすすめ欄や、登録チャンネルのページに、その告知が表示されます。そしてクリックをすると、リマインダーの設定をすることができ、公開時刻になる直前に通知が届けることで、より確実に視聴者を動画に集められるのです。

図5-7-1　プレミア公開の設定で、動画公開前に登録チャンネルのページに表示される

図5-7-2　リマインダーの設定をすれば、公開前に通知を受け取れる

視聴者の目に触れる機会が増えるということは、それだけ再生される可能性が増えるということ。うまく使っていきたいですね。

プレミア公開の設定方法

プレミア公開の設定はとても簡単です。5-6で説明した手順と同じように、必要な情報を入力していきましょう。アップロード画面で作った動画をドラッグ＆ドロップ→詳細記入→終了画面やカードの設定、と進めていき、最後の公開設定をする画面で「スケジュールを設定」の中にある公開時刻を設定し、「プレミア公開として設定する」にチェックを入れてスケジュール設定をすれば完了です。

もしくは、「保存または公開」の中にある「公開」を選択し、「インスタントプレミア公開として設定する」にチェックを入れると、時間設定なしで即時プレミア公開されます。

図5-7-3　プレミア公開の設定

5-7　プレミア公開で視聴者と交流してコアなファンを獲得する

プレミア公開で収益の幅が広がる

　プレミア公開を設定し、実際に公開時刻になって動画が始まると、プレロール広告（動画が始まる前に流れる広告）が流れます。8分以上の動画を通常公開した場合は、ミッドロール広告（動画の中間に流れる広告）も挿入することができるのですが、プレミア公開中の場合は長さに関わらずミッドロール広告を入れることはできません。

それだと、広告単価が下がってしまうのでは?

　確かに、プレミア公開直後は広告単価が下がることになりますが、うまくいけばそれ以上にガツンと収益を上げることができる可能性があります。なぜなら、収益化済みのチャンネルであれば、プレミア公開されている間、スーパーチャット（投げ銭）を受け取る設定にすることができるからです。プレミア公開中、チャットにチャンネル運営者であるあなたが登場すれば、あなたと仲良くなりたい熱心なファンが投げ銭をしてくれるかもしれません。

図5-7-4　プレミア公開でスーパーチャット（投げ銭）がもらえる

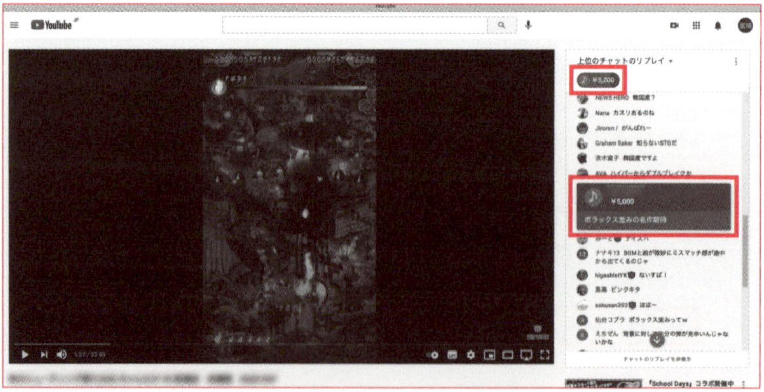

　図はライブでの投げ銭シーンですが、プレミア公開でも同じように投げ銭が可能です。視聴者が投げ銭をすると他のコメントよりも目立って表示されるので、チャンネル運営者に認知してもらうためにお金を払ってくれる視聴者がいます。

プレミア公開が向いている人と向いていない人

　プレミア公開はファンとの交流ができる上に、収益の幅を広げることができるので、多くの人におすすめしたい機能なのですが、全ての人に適しているとも言い切れません。

　場合によっては、プレミア公開が意味をなさない場合もあるので注意が必要です。

　例えば、「顔と声を出さない運営手法(ステルスYouTube)」を採用している場合は、投稿者自身にコアなファンがつくということは比較的少ない傾向があります。視聴者は投稿者のパーソナリティよりも、チャンネルが発信する情報に価値を感じているからです。

　そのようなチャンネルでは、視聴者同士が同じ時刻に同じ動画を見ることに価値が感じられにくいでしょう。だから、毎回プレミア公開の時刻に待機して、一生懸命チャットで視聴者との交流を試みようとしても、マイナスにはならずとも、あまり意味がありません。

　自分のチャンネルはプレミア公開に向いているのか、あまり意味がないのか。そこをしっかりと見極めるようにしてください。

5-7 まとめ

- プレミア公開を使えば、視聴者とリアルタイムで交流できる
- 予約時にもおすすめ画面に表示されるので、再生回数アップが見込める
- スーパーチャットで広告以外の収益が見込める
- 投稿者自身にファンがつくタイプのチャンネルではない場合、効果が薄い

8 収益化の条件と申請方法について

YouTubeで収益化するための条件

　動画を投稿し続け、再生回数と登録者が一定数を超えると、お待ちかねの収益化ができるようになります。2-1でも少し解説しましたが、収益化できるための条件を再確認しておきましょう。

①すべてのYouTubeの収益化ポリシーを遵守している
②YouTubeパートナープログラムを利用可能な国や地域に居住している
③有効な公開動画の総再生回数が、直近の12ヶ月間で4000時間以上である
④チャンネル登録者数が1000人以上である
⑤リンクされているAdSenseアカウントを持っている

　実は、①の「収益化ポリシーの遵守」という部分で、多くの人がつまづいています。ここでつまづくと、せっかくチャンネルが育ったのに収益化ができないという可能性も出てくるので、しっかり確認しておきましょう。

YouTubeの収益化ポリシーとは

　YouTubeで広告収益を得るためには、ただ再生回数と登録者数を獲得するだけでは不十分です。広告収益を得るということは、あなたが

作った動画に対して広告を付けてもらうということ。これを忘れては
いけません。

　例えば、低俗な内容の動画の合間に企業の広告が流れたら、その広
告主のイメージはどうなるでしょうか。おそらく、悪いイメージが定
着してしまうでしょう。それを防ぐために、YouTubeでは広告を付け
る動画に対して、収益化ポリシーに沿った審査を行っているのです。

　では、どのような動画が収益化の対象外となってしまうのでしょう
か？
　ポイントは、「YouTubeのコミュニティガイドライン」と「AdSense
プログラムポリシー」です。「YouTubeのコミュニティガイドライン」
に違反する動画の内容は、次の通りです。

・スパム、欺瞞行為、詐欺
タイトルやサムネイルと動画の内容が大幅に異なる動画や、繰
り返しの多いコンテンツ、選挙の妨害、詐欺行為など。

・ヌードや性的なコンテンツ
性的満足を目的とした表現など。
（ドキュメンタリー、化学、芸術が目的であれば許可される）

・子供の安全
未成年者が危険に晒されていたり、性的対象として描写されて
いるコンテンツなど。

・有害または危険なコンテンツ
体に重傷を負う可能性があるチャレンジや、危険ないたずら、銃
の乱射やドラッグの使用、暴力行為を助長するコンテンツなど。

・ヘイトスピーチ
性別、年齢、人種、宗教などの差別を助長する動画、嫌がらせやいじめを助長する動画、他のチャンネルへの悪意のある投稿を助長する発言、他人の個人情報の暴露など。

　もう1つ、「AdSenseプログラムポリシー」も重要です。これはYouTubeが定めるガイドラインではなく、Googleのアドセンスプログラム提供者が定めるものなので、合わせて確認しておきましょう。

・繰り返しの多いコンテンツ
似た内容の動画を繰り返しアップロードする行為はNGです。ただし、似ている内容であっても、動画内の内容の違いが明確に説明されていれば対象外となります。

・再利用されたコンテンツ
独自の解説や価値を付け加えることなく、他社のコンテンツを再利用する行為はNGです。転載動画や、WEB上にある文章をそのままコピーして貼り付けしているだけの動画などが対象です。

　これらに違反している場合は収益化ができない可能性があるので、自分が投稿している動画に当てはまっている項目がないか、申請する前にきちんと確認しておいてください。

収益化するための申請手順

　収益化の条件を満たしている人は、早速、収益化の申請をしていきましょう。申請は投稿者専用の管理ページである「YouTube Studio」の画面から行うことができます。

　左にあるサイドバーの中にある「収益受け取り」をクリックしましょう。すると、チャンネル登録者数と総再生時間のインジケーターが表示され、どちらも条件を達成していれば下に「申し込む」というボタンが表示されて、次に進むことができます。

図5-8-1　「YouTube Studio」の「収益受け取り」から申請をする

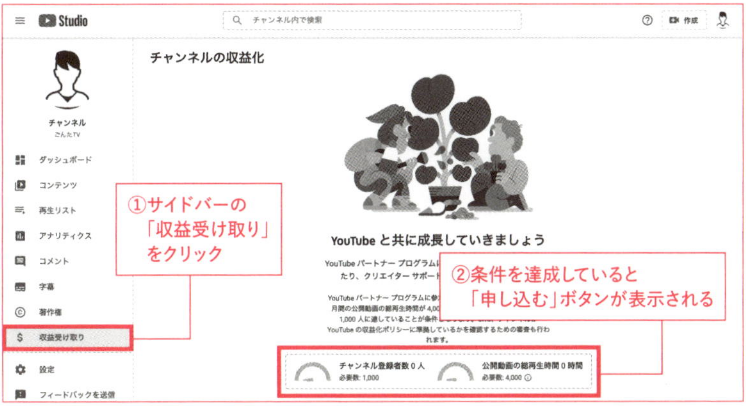

　収益化申請のステップは、大きく分けて3つに分かれています。

　本当は実際の申請画面をお見せしたいところなのですが、私の手元には今から収益化予定のチャンネルがありません。手順を書いてお伝えしますので、その通りに進めてみてください。

5-8　収益化の条件と申請方法について

・ステップ1：パートナープログラム利用規約を確認する

まずは収益化するにあたり、利用規約を確認してください。目を通して内容に問題ないようであれば同意をし、次に進むことができます。

・ステップ2：Google AdSenseに申し込む

YouTubeの収益は、Googleアドセンスを通して受け取ります。アカウントを持っていない人は、ここからアカウントを作成しましょう。既にアカウントを持っている人は、そのアカウントに紐付けをしてください。

・ステップ3：審査を受ける

アドセンスへの申し込みが完了すると、審査に入ります。2021年5月時点で、審査にかかる時間は約2日〜1週間です。時期により審査にかかる期間は様々ですので、最長で1ヶ月ほどかかると思っておくと良いでしょう。

　無事審査に通過すると、メールが届きます。

　ガイダンスが表示されるので、それに従って収益化設定をしていきます。念のため、「YouTube Studio」内の「コンテンツ」を開いて、動画の収益化がオンになっているかを確認しておきましょう。緑色の＄マークと共に「オン」と表示されていれば、収益化の設定ができています。

図5-8-2 コンテンツ一覧に収益化の欄が追加されている

　広告収益がどれくらい発生しているのかは、「アナリティクス」の中の「収益」を見れば大体の目安がわかります。最初は収益が反映されていないように見えるかもしれませんが、大体2日遅れくらいで反映されるので慌てずに待ちましょう。

図5-8-3 「アナリティクス」内の「収益」を開くと、収益の目安がわかる

5-8　収益化の条件と申請方法について

収益受け取りまでの流れ

　広告の収益が1000円を超えると、Google AdSenseから自宅にPINコードが届きます。このコードをAdSenseの画面で入力をすることで、収益受け取りのために必要な住所確認が完了します。

　その月の収益は月末で締められ、翌月の15日までに正確な金額が確定します。収益受け取りに必要な金額は8000円です。この金額を達成できた人は、ここでようやく銀行口座を登録することができるようになります。

　銀行口座を登録すると、数日後100円未満のお金が振り込まれます。その金額をアドセンスの銀行口座確認画面に入力することで、口座が本人のものであることの確認が完了します。

　これで、広告収益受け取りまでの、すべての手続きは終わりです。あとは入金されるのを待ちましょう。振込日は正確に決まっているわけではありませんが、毎月21日前後のことが多いです。

申請する際の注意点

　広告収益を受け取るための手続きは、間違えないよう慎重に進めてください。もし間違えると、収益を受け取れるようになるのに時間がかかってしまう場合もあります。

　特に、次の2点は必ず事前に確認しておきましょう。

●アドセンスアカウントは1人につき1つだけ

　Google AdSenseのアカウントは、1人につき1つしか持つことができません。「初めてYouTubeで収益化するのであれば、既に持っているわけないでしょ？」と思うかもしれませんが、実はそうとも限らないのです。

よくあるのは、以前ブログやサイト運営をしており、そのときにクリック課金型のアドセンス広告の申請をしていたというケースです。ご注意ください。

◉不承認になった場合30日間再申請できない

「収益化ポリシーの条件を満たしているかわからないけど、とりあえず申請してみよう！」と思っている人、ちょっと待ってください。

収益化の審査に万が一落ちてしまったら、その後1ヶ月は再申請することができません。はやる気持ちを抑えて、今一度投稿済みの動画に問題はないか確認しておきましょう。

もしポリシー違反だと思われる動画がある場合は、必ず「削除」してください。非公開にするだけでは、チャンネル内に動画が残っているので審査の対象となってしまいます。

万全の体制で審査に挑んでくださいね。

5-8 まとめ

- 収益化条件は、総再生時間と登録者数以外に「YouTubeの収益化ポリシー」をクリアする必要がある
- 申請手順は「YouTube Studio」で行い、支払いはGoogle AdSense経由で受け取る
- アドセンスアカウントは1人につき1つだけ
- 不承認になったら、その後30日間は再申請できない

コラム 実はすごく重要なBGM

　YouTubeの動画を作成する際に色々な編集をしている中で、意外におろそかにしてしまいがちなのがBGMです。せっかくいい動画が作れても、BGMと動画が合わなかったら見てる側からするとかなり違和感があります。とはいえ、有名な歌手の音源をそのまま使ってしまうと著作権的問題が生じてしまう。そんな時は、無料の著作権フリーBGMサイトを使うのがおすすめです。

　次の動画では、私がおすすめする「無料で使える著作権フリーBGMサイト」を複数紹介しています。ぜひ参考にしてみてください。

YouTubeの動画へアクセス!!

第6章

YouTubeを
運営していく上で
絶対に注意して
ほしいこと

1 | YouTubeのポリシーを しっかりと確認する

YouTube運営は攻めるだけではダメ!

　ここまで、YouTubeの運営を始める上で必要となる最低限の知識を、余すところなくお伝えしてきました。そしてこの後も、さらにチャンネルを伸ばす（動画の投稿を続けることで、登録者数と再生回数を増やしチャンネルを発展させる）ためのノウハウをお伝えしていきたいところなのですが、実は、チャンネルを伸ばすことよりも大切なことがあります。

それは、YouTube運営をする上での落とし穴を知ることです。

　どんなに頑張ってチャンネルを伸ばしたとしても、何か1つでも見落としがあるだけで、積み上げてきたものが台無しになってしまうことにもなりかねません。

　直接チャンネルを伸ばすことにつながらないので、このような話は退屈に感じるかもしれませんが、結果的に「効率良くチャンネルを育てる」ための知識にもなります。だから、絶対に読み飛ばさないでくださいね。

YouTubeで守るべきルールは大きく分けて3つ

　投稿者が守るべき「YouTubeが定めるルール」は、大きく分けて3つあります。

①利用規約
投稿者に限らず、YouTubeを利用するすべての人が守らなければい

けないルールです。とても大切なものではありますが、常識的に利用
している限りは問題のない項目が多いです。

　一通り問題がないかどうか、確認をしておきましょう。

図6-1-1　YouTube利用規約

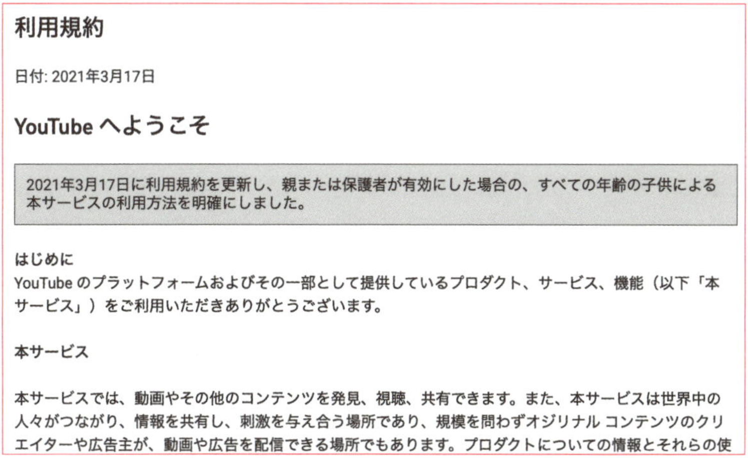

利用規約

日付: 2021年3月17日

YouTube へようこそ

2021年3月17日に利用規約を更新し、親または保護者が有効にした場合の、すべての年齢の子供による
本サービスの利用方法を明確にしました。

はじめに
YouTube のプラットフォームおよびその一部として提供しているプロダクト、サービス、機能（以下「本
サービス」）をご利用いただきありがとうございます。

本サービス

本サービスでは、動画やその他のコンテンツを発見、視聴、共有できます。また、本サービスは世界中の
人々がつながり、情報を共有し、刺激を与え合う場所であり、規模を問わずオリジナル コンテンツのクリ
エイターや広告主が、動画や広告を配信できる場所でもあります。プロダクトについての情報とそれらの使

(https://www.youtube.com/static?template=terms&hl=ja&gl=JP)

②コミュニティガイドライン

　YouTubeでの発信をする人向けのルールです。収益化しているか否
かは関係なく、すべての投稿者に適用されます。このガイドラインに
違反をして警告を受けた場合は、一定期間投稿が制限されたり、場合
によってはアカウント自体が停止されてしまうことにもなりかねませ
ん。YouTubeでの運営をする人にとって、最も重要なルールだと思っ
てください。

6-1　YouTubeのポリシーをしっかりと確認する　　213

図6-1-2　コミュニティガイドライン

YouTube のコミュニティ ガイドライン

YouTube を利用するということは、世界中の人々が集まるコミュニティに参加することでもあります。すべてのユーザーが YouTube を楽しく利用できるよう、さまざまなガイドラインが設けられています。

ガイドラインに違反していると思われるコンテンツを見つけた場合は、報告機能をご利用ください。YouTube のスタッフが確認いたします。

スパムと欺瞞行為

YouTube コミュニティは、信頼の上に成り立つコミュニティです。他のユーザーに誤解を与えたり、詐欺、スパム、不正を行ったりすることを目的としたコンテンツは、YouTube で許可されません。

- スパム、欺瞞行為、詐欺に関するポリシー
- なりすましに関するポリシー
- 外部リンクに関するポリシー
- 虚偽のエンゲージメントに関するポリシー
- その他のポリシー

(https://support.google.com/youtube/answer/9288567?hl=ja)

③収益化ポリシー（AdSenseプログラムポリシー）

　YouTubeでの収益化をする際に適用されるルールであり、これからYouTubeでの収益化を狙うあなたが守らなければいけない重要なルールです。このポリシーに違反した場合、YouTubeの利用自体は継続してできますが、広告が剥がされて収益も入らなくなってしまいます。

　ところで、「収益化ポリシー」という、コミュニティガイドラインとは全く別の決まりがあると勘違いされがちですが、実はちょっと違います。収益化ポリシーの中身は、コミュニティガイドラインに加えて「AdSenseプログラムポリシー」が追加されたものです。
　つまり、YouTubeでの収益化を目指すすべての人は、「コミュニティガイドライン」と「AdSenseガイドライン」の両方の内容を把握しておかなければならないのです。

図6-1-3　収益化ポリシー

YouTube のチャンネル収益化ポリシー

2020 年 10 月更新: **この記事の更新は、プロセスの変更に関するものではありません。このページを更新した**目的は、クリエイターに影響する可能性のある措置や変更（ポリシーに関する今後の変更など）を通知するYouTube の取り組みや実施ポリシーに関する透明性を向上させるためです。

YouTube で収益化を行う場合、**ご自身のチャンネルで YouTube の収益化ポリシーを遵守する**ことが重要です。YouTube のコミュニティ ガイドライン ☑、利用規約 ☑、著作権 ☑、Google AdSense プログラム ポリシーなどがこれに含まれます。こうしたポリシーは、YouTube パートナー プログラムに参加している、または参加を予定しているすべての方に適用されます。

広告で動画を収益化するには、広告掲載に適したコンテンツのガイドラインも遵守していただく必要があります。

主なポリシーの概要は次のとおりです。各ポリシーの全文も必ずお読みください。これらのポリシーは、チャンネルが収益化に適しているかどうかの確認に使用されます。YouTube の審査担当者は、収益化しているチャンネルがこうしたポリシーを遵守しているかどうかを定期的に確認しています。ポリシー適用の詳細については、こちらをご覧ください。

(https://support.google.com/youtube/answer/1311392?hl=ja)

コミュニティガイドラインの詳細

　まずは、違反をするとチャンネル運営自体に悪影響が出る恐れのある「コミュニティガイドライン」の内容を確認していきましょう。

　このガイドラインについては、以下17個のポリシーで構成されています。実際にYouTubeのガイドラインに書いてあることではありますが、それぞれの要点をまとめて解説していきます。

◉スパム、欺瞞行為、詐欺に関するポリシー

　YouTubeは、善良な投稿者が良質な動画を発信しているという信頼で成り立っているプラットフォームです。その信頼を揺るがすような行為をしてはいけません。

　例えば、サムネイルやタイトルとは全く違う内容の動画を投稿することや、根拠のない嘘を発信すること、詐欺行為や選挙妨害を目的とした動画の投稿など法的に問題のある行為も含まれます。例えば最近では、「アメリカの大統領選挙で不正があった」という発信をした人の動画が取り締まりの対象となりました。

6-1　YouTubeのポリシーをしっかりと確認する

◉なりすましに関するポリシー

あたかも他の人のチャンネルであるかのように見せかけるような行為は、厳しく罰せられます。例えば、ヒカキンさんとは全く関係がなく本人の許可も取っていない人が、まるでヒカキンさんのチャンネルであるかのようなアイコンやチャンネル名を付けるといった行為が該当します。

◉外部リンクに関するポリシー

YouTubeの発信者が注意しなければいけないのは、動画の内容だけではありません。動画説明欄などで別のURLへのリンクを張っている場合は、そのリンク先の内容もしっかり確認しておかなければいけません。

特に気をつけなければいけないのは、アダルト系YouTuberです。YouTubeでは過激な内容を発信できないので、外部のアダルトOKのサイトに誘導をしてマネタイズをしている人をよく見かけますが、直接アダルトサイトへのリンクを貼るのはポリシー違反となりますので注意が必要です。

◉虚偽のエンゲージメントに関するポリシー

通常は視聴者が興味を持った動画を再生して、気に入った場合に高評価やチャンネル登録をすることでチャンネルは成長していきます。しかし、これらのエンゲージメント（動画再生、評価ボタン、コメント、チャンネル登録等）を不正に操作しようとする人がいます。登録者数を購入したりすることで、実際の動画の評価とは関係なく伸ばす行為は禁止です。たまに、他のチャンネル運営者に相互登録を呼びかけている人を見かけることがありますが、これも立派な規約違反です。

悪気が無くてもペナルティが課せられることもあるので、気をつけましょう。

●ヌードや性的なコンテンツに関するポリシー

　アダルトジャンルに取り組む人は、必ず確認しなければいけません。YouTubeでは性的満足を目的とする、性器、胸部、臀部、性行為、フェチの描写をしてはいけません。「服を着ていればいいんでしょ？」という人もいますが、実は着衣の有無は関係ないのです。

　一方で、エロを感じさせない、教育や化学、芸術などの分野については許可されています。この場合、動画説明欄などにきちんとその旨を記載しておくことで、ペナルティを回避することができます。

　際どい部分を狙うアダルトジャンルのYouTuberも少なくないですが、最終的にエロかエロでないかはYouTubeの独断で決まるので注意してください。

●サムネイルに関するポリシー

　動画だけでなく、サムネイルにも注意が必要です。アダルトジャンルだけでなく、暴力的描写、流血や骨折などの生々しい描写、動画の内容とは異なる誤解を招く描写はNGです。

●子どもの安全に関するポリシー

　YouTubeは、未成年を心身共に危険に晒すことに対してものすごく敏感です。未成年を性的対象としたり精神的苦痛を与える行為、いじめや危険なことをする行為の動画を投稿したり促すことは禁じられています。

　また、ぱっと見た感じでは子供向けの動画に見えたとしても、実際には性的描写や暴力描写があるような場合も厳しくチェックされます。

●自殺や自傷行為に関するポリシー

　自殺や自傷行為を正当化したり、自殺のやり方を教える行為、生々しい自傷行為を見せるような発信はNGです。

◉有害または危険なコンテンツに関するポリシー

危険な行為や体に悪影響を及ぼす恐れのある行為を投稿したり、助長するような動画は禁止されています。ドッキリやチャレンジ企画をやる場合は、度を超えていないか今一度確認しましょう。実際には怪我をするリスクはなかったとしても、武器で脅したり強盗や誘拐の被害にあったと思わせるようなものも対象となります。

◉暴力的で生々しいコンテンツに関するポリシー

暴行や喧嘩をしているシーンや、流血、死体が映り込むような映像を投稿してはいけません。ただし、格闘技の試合などについては許可されています。

◉暴力犯罪組織に関するポリシー

暴力団、テロ集団などを称賛したり支援することを目的とした動画の投稿をしてはいけません。もし彼らについての動画を投稿する場合は、動画内でしっかり背景情報を説明する必要があります。

◉ヘイトスピーチに関するポリシー

民族、国籍、宗教、性的指向などを差別する内容の発信をしてはいけません。特に、政治ジャンルの発信者にありがちなのですが、自分の主張に反する人たちや特定の国の人たちを差別するような発言をする人たちがいます。

実際に以前、ネトウヨと呼ばれる右翼的思想を持った人たちのチャンネルが連鎖的にアカウント停止に追い込まれることがありました。

◉ハラスメントやネットいじめに関するポリシー

他人に嫌がらせをしたり、他のチャンネルへのコメントスパムを促すような迷惑行為を助長する動画を発信してはいけません。

ただし、著名人や政治家などの権力者などに関する討論や議論をすることなどは、例外として許されています。

◉COVID-19（新型コロナウイルス感染症）の医学的に誤った情報に関するポリシー

　新型コロナウィルスに関する誤った情報による混乱を防ぐために、新しく設けられたポリシーです。医療従事者の中でも様々な見解があり、いまだに解明されていない部分が多いので、誰が正しいのか判断が難しい部分ではありますが、YouTubeでは基本的にWHOや行政が発信する内容に沿った内容に反く発信は許可されていません。

◉違法または規制対象の商品やサービスの販売に関するポリシー

　違法な商品や規制の対象となる商品の販売や紹介をする行為は禁止されています。日本でやってしまいがちなコンテンツとしては、アルコール、タバコ、処方箋なしの医療、性的サービスやデートクラブなどでしょう。これらを販売したり利用を勧める行為は、厳密に言うとNGです。

　なお、お酒やタバコを紹介する動画、個人輸入の薬を紹介する動画、風俗店やパパ活などを勧める動画なども、規約上は許可されていません。

◉銃器を扱うコンテンツに関するポリシー

　日本での発信者は少ないですが、銃を販売したり作り方を紹介する動画の投稿はNGです。射撃場で試し撃ちをしている動画などは問題ありませんが、銃器を販売、制作、組み立てをするようなコンテンツは違反警告を受ける可能性が高いです。

◉その他のポリシー

　YouTubeで一発大当たりの動画を作ると、その後何もしなくても再生回数が上がり、自動でお金が入り続けるということが稀にあります。しかし、基本的に投稿者は積極的に活動することが望ましいとされるので、6ヶ月以上ログインしていない場合などはペナルティの対象となる可能性があります。

　以上、これらのコミュニティガイドラインに違反をすると、該当する動画が削除され、警告が送られてきます。ただし、この時点ではまだ動画削除以外のペナルティは発生しません。
　2回目以降は「1週間投稿することができない」などの制限がかかり、そして90日の間に警告を3回受けたチャンネルはアカウントが停止されてしまうので、万が一、一度でも警告を受けた場合は何がいけなかったのかをしっかり確認してください。そして、2度目以降の違反をしないための対策を立てることが大切です。

AdSenseプログラムポリシー

　YouTubeで収益化をする際には、コミュニティガイドラインの他に、広告収益の支払い元である「AdSenseプログラムポリシー」も遵守しなければいけません。
　具体的な項目としては、以下のようなものがあります。

◉繰り返しの多いコンテンツ

識別が難しい同じような動画が何本も投稿されていると、繰り返しの多いコンテンツに該当し、収益が剥奪されてしまう恐れがあります。

例えば、人間の手を加えずに機械が自動的に生成できてしまうようなコンテンツが、これに当たります。ウェブ上にアップされているニュース記事を機械音声で読み上げただけの動画などは、収益化できない可能性が高いです。

◉再利用されたコンテンツ

投稿者自身のオリジナリティを付加せずに、他人のコンテンツをそのまま使ったり、切り抜きをしただけの動画をアップすることは許可されていません。

例えば、最近ではひろゆきさんの動画の一部を切り抜いて投稿する動画のスタイルが流行っています。ひろゆきさん自身が許可をしているので、今のところ問題は表面化していませんが、同じ切り抜きを複数の投稿者がアップしたりすると、再利用されたコンテンツとして収益化ができない可能性が高くなります。

AdSenseプログラムポリシーは収益化の審査を受ける時だけでなく、その後も広告を掲載し続ける限り守り続けなければいけません。

主に、機械任せにしてズルをしようとする投稿者を罰する内容が多いですね。とはいえ、自分でオリジナルのコンテンツを作るか、何かしらの付加価値を付ける発信をしている限りは基本的には問題ありません。

AdSenseプログラムポリシーに抵触すると、ある日急に管理画面のYouTube Studioに警告が届き、それと同時に一切の広告収益が入らなくなってしまいます。今まで入ってきていた収入が、ある日急にゼロになってしまうことにもなりかねないので、細心の注意を払ってください。

ガイドラインの解釈はYouTube次第

　ここで説明したガイドラインは、YouTubeが公式に発表しているものをわかりやすく解説したものです。基本的には、ここに書かれた注意事項を守っていれば問題ありません。「なんとなくダメなんじゃないか」という思い込みのせいでペナルティを恐れてやりたいことができなかった人は、YouTubeに許されている範囲で、一歩踏み込んだ発信にチャレンジしてみてください。

ただし、YouTubeのルールは割と頻繁に変更されます。

　例えば、「アメリカの大統領選挙で不正があったのではないか」という発信や、新型コロナウィルスに関する信憑性の薄い発信に対するペナルティは、最近追加されました。つまり、あなたが良かれと思って発信した情報も、突然、規制の対象になるかもしれないのです。

　頻繁にガイドラインを確認する習慣をつけ、もし該当する行為を発見した場合はすぐに改善していきましょう。

　たまに「既に違反をしているけどペナルティ来ないよ」と自慢げに話している人を見かけることがあります。YouTubeには規制が厳しくなる時期とゆるくなる時期があり、ゆるい時期は軽度の違反はスルーされることが多いです。ただし、それはYouTubeから泳がされている状態だと思った方がいいでしょう。YouTubeが本気を出せば、違反者を見つけることは簡単です。

　グレーな発信をし続けるアカウントはYouTubeからマークされ、毎回の投稿を厳しくチェックされるようになる場合もあります。気をつけてくださいね。

6-1
まとめ

- チャンネルを伸ばすことだけでなく、守りの知識を得ることも大切
- すべての発信者には、「コミュニティガイドライン」を守る義務がある
- 収益化を目指す場合は、「コミュニティガイドライン」に加えて「AdSense プログラムポリシー」も守る必要がある

2 | 著作権についての基礎知識

著作権は誰もが避けることのできない問題

　著作権は、YouTubeを運営する際に誰もが頭を悩ます問題です。「え、全く考えたことなかった！」という人がいたら、かなり危険だと思ってください。

　中には、何でもかんでも「これ、著作権違反しているんじゃないか？」と悩み続けて何も発信できなくなってしまうような心配性の人もいるでしょう。なんとなく「他人が作ったものは勝手に使ってはいけない」という認識はあると思いますが、やっていいことと悪いことの境界線を理解できている人は、ほぼいないと思います。

知らないうちに著作権を侵害している可能性もある

　「自分のチャンネルは絶対に著作権を侵害していない！」と言い切っている人、本当にそうでしょうか？ 実は、思わぬところで著作権を侵害しているケースがあります。

　例えば、キッズ系YouTuberがアンパンマンのおもちゃを使った動画を撮ろうとして、版権元に使用しても良いかを確認したところ、「許可できない」という回答を受け取ったという話を聞いたこともあります。他にも、ディズニー、ジブリ、ドラえもん、サザエさんなどは厳しいことで有名です。

　キャラクターのおもちゃを使って遊ぶ動画を撮ることさえ許可されないということに、驚いた人も多いのではないでしょうか。

　他にも

- 最近買ったCDのジャケットを動画内で見せるのは？
- メーカーのロゴが入ったTシャツを着て動画を撮るのは？
- 背景の本棚に収納してある漫画の表紙が映ってしまったら？

など、気にし始めたらキリがないですよね。

図6-2-1　CDの開封動画

図6-2-2　購入した服のレビューでロゴが入っていたら？

楽曲の利用は要注意

　映像として映り込むもの以外にも、注意しないといけないケースがあります。例えば、街中で動画を撮影している時に、偶然流行の曲が流れて動画内に音が入り込んでしまったらどうでしょうか？ あるいは、「歌ってみた」のような動画を撮るためにカラオケで自分が歌っているところを撮影したらどうでしょう？
　たとえ音質が悪かったとしても、これらの動画には著作権の警告が入る可能性が高いのです。

図6-2-3　街中の撮影で音楽が入り込んだら？

著作権侵害は親告罪？

　このようなことを知ってしまうと、著作権侵害が気になり動画を投稿するのが怖くなってしまうかもしれませんね。
　著作権侵害は通常、親告罪といって、著作者が告訴をすることで初めて問題になります。だから、あなたが作る動画の中で誰かの著作物を掲載したとしても、その時点で問題になるのではなく、その作品を作った著作者の人からの申し立てがあった時に動画が消されるなどのリスクがあります。

ただし、漫画の海賊版、映画やテレビ番組の転載など、原作をそのまま配信したりすることで著作者の利益を害するものに限っては、2018年の法改正により「非親告罪」として扱われるようになりました。転載動画をアップすることで楽して稼ごうと思っていた人は、以前よりも罰せられる可能性が高くなっているので絶対に止めておきましょう。

図6-2-4　原作をそのまま転載するのは「非親告罪」

著作権侵害で動画が消されるリスク

　では、YouTubeにおいて著作権侵害の申し立てがあった場合は、どのようなリスクがあるのでしょうか？

　ある日突然、裁判所から通達が届いたりするのではないかと思っている人もいるかもしれませんが、相当悪質な動画をアップしない限りは、そのようなリスクは低いです。

　著作者が自分の制作物の著作権を侵害している動画を発見した場合、YouTubeの管理画面である「YouTube Studio」から削除依頼の送信ができます。そして、YouTubeによる審査の結果受理されると、動画が消されるという流れです。

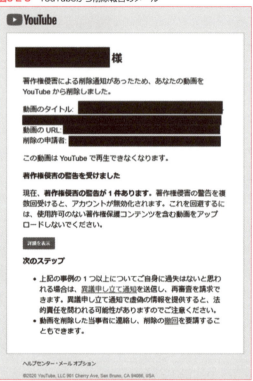

図6-2-5　YouTubeから削除報告のメール

著作権侵害の申し立てがYouTubeに受理されると動画が消され、投稿者にはこのようなメールが届きます。

Content IDによる検知

　音楽作品やゲームのプレイ画面などの著作権侵害については、「Content ID」というシステムにより、権利所有者が提出したファイルと照らし合わせて一致したら、何かしらの対処をされる場合があります。例えば、その動画を閲覧できないようにブロックしたり、その動画を通して投稿者と収益を分配するような対処を取られるといったことです。

なお、違法転載動画にも広告が掲載されているケースを見かけることがありますが、必ずしも投稿者が報酬を得ているとは限りません。広告は掲載されているのに報酬はもらえないという事態に陥ってしまう可能性もあります。

著作権侵害を回避する具体的な手段

動画の内容によっては、自分のオリジナルのものだけではなく、どうしても他人の制作物を使いたいというケースもありますよね。そんな時は、特定の条件を満たせば合法的に使うことも可能です。

【引用して使用】

他人の制作物であっても、引用の要件を守っていれば、権利者の許可を得ることなく使用することができます。「引用」として使うためには、次のような条件を満たしている必要があります。

①公表されている著作物であること

インターネット上で公開されていたり書籍として出版されていたりすることで、不特定多数の人が見ることのできる状態であるものでなければいけません。ネットの記事や画像を引用する場合がほとんどだと思いますので、ここは特に問題が無い人が多いでしょう。

②引用した部分が明確に区別されていること

引用をしたものは、「引用されたものであること」が明確にわかるようにしていなければいけません。文章を引用した場合は、カギカッコで囲ったり、背景の色を変えるなどして、自分のコンテンツとの境目を示す必要があります。

6-2 著作権についての基礎知識

③自分のコンテンツがメインであること

引用すること自体が目的の動画にしてはいけません。動画のメインはあくまで「あなたのオリジナルのコンテンツ」であり、引用をしたものは、それを補足する程度のものでないとダメです。

④引用元を明記していること

どこから引用したものなのかを、しっかり明記しておく必要があります。どこかのホームページから引用したのであれば、そのページのタイトルとURLを載せておきましょう。

⑤引用した部分を編集しないこと

引用した箇所を、自分の都合の良いように編集をしてはいけません。必ず、引用をした元の状態と同じものを掲載してください。

以上、これらの条件を満たしていれば、他人の制作物を合法的に使うことができます。

ただし、法律以外の部分で製作者の人に不利益を与えたり不快な思いをさせることの無いよう、マナーを守って利用させてもらってくださいね。

【音楽の使用】

「歌ってみた」などの動画は、他人の楽曲を勝手に使っており、一見無法地帯のように見えますが、実は多くの歌い手の人たちが著作権の問題をクリアした上で配信をしています。

音楽の著作権はJASRACという権利団体が管理をしており、勝手にアーティストの楽曲を使ったりすると、権利侵害の警告がくる可能性が高いです。しかし、実はYouTubeとJASRACは契約を結んでおり、投稿者が使用許可を申請せずとも、アーティストの歌を歌ったり演奏したりすることができるのです。

「歌ってみた！」動画は完全にアウトっぽいが
実は著作権の問題をクリアしている配信が多い

　ただし、楽曲の音源をそのまま流すのはNGです。その音楽を利用するためには、自分で著作権フリーの音源を用意しなければいけません。自分で演奏をしたり、作曲ソフトに打ち込みをするなどして、それに合わせて歌う必要があります。

　カラオケの音源を使うのもNGな可能性が高いです。カラオケで流れる音源はカラオケ配信会社が権利を所有しており、その利用許可が出ていない限り使ってはいけません（たまに、著作権フリーでカラオケ用音源を配布しているサイトもあるので探してみましょう）。

全ては自己責任なので、
リスクを把握した上で使うこと

　YouTube運営を著作権的に全く問題のないクリーンな状態で続けることは、実際かなり難しいですし、守れば守るほど表現できる幅は狭くなっていきます。

　私が様々なチャンネルを見ている限り、半数以上の発信者が何かしらの著作権違反を犯しているのが現状です。登録者100万人超えのYouTuberであっても、多くの著作権違反をしている人がたくさんいます。

動画が削除されるのを覚悟で攻めた動画を発信していくのも、可能な限りクリーンな運営をすることで視聴者からの信頼を重視して発信をしていくのも、最終的にどちらを選択するのかはあなた次第です。

　自分がアップする動画によってどのようなリスクがあるのか、それによるリターンはどれほどなのか、さらには著作者の人にどのような影響を及ぼすのか、といったことを総合的に考えてから動画制作を行うようにしてください。

6-2 まとめ

- ●著作権は、誰もが避けて通れない問題
- ●著作権侵害は、基本的には親告罪
- ● YouTube でのリスクは「動画削除」か「著作者との収益分配」
- ●著作権を侵害することのリスクを考えて、自己責任で動画を制作すること

3 登録者を購入しては絶対にダメな理由

登録者の獲得はお金をかければできる?

　収益化を目指すすべてのYouTuberがまず頭を悩ますのが、「登録者1000人を達成して収益化条件をクリアする」という壁です。

　本来であれば、地道に動画を投稿し続け、自分のチャンネルを見た視聴者が気に入ってくれた時点で初めて、登録者が増えますよね。実際、これはかなり過酷な道のりです。有名YouTuberを見ていると感覚がマヒしてしまいますが、1000人という人数は割と大きめの小学校の全校生徒を合わせたくらいの規模ですからね。それだけの人数のファンを集めると考えると、気が遠くなってしまうかもしれません。

人気動画ばかり観てると1000人なんて楽勝に思えてしまうが実はメチャメチャ大変!

　だから「こんなに地道に作業を続けるのではなく、裏技を使って簡単に条件を達成させたい!」と考える人がいても、不思議ではありません。

　そして実際、

登録者を増やす裏技は、確実に存在するのです。

・裏技①：相互登録

ツイッターなどで相互フォローをする感覚で、チャンネル登録者数を伸ばしたい弱小YouTuber同士でお互いのチャンネルを登録しあい、登録者を増やすというやり方です。仲間内で登録しあうだけでは増加数は微々たるものですが、ツイッターを見ていると「相互登録しましょう！」というアカウントをよく見かけます。

・裏技②：プレゼント企画

「チャンネル登録をしてくれたらプレゼントを送ります！」という企画を行うことで、チャンネル登録者数を伸ばすというやり方です。例えば、Amazonのギフトカードなどをプレゼントする企画ですね。実際に動画を視聴してくれた人向けのプレゼントなので、再生回数の増加も少しは見込めるかもしれませんが、その企画を通して登録してくれた人たちが求めているのは、そのチャンネルの動画ではなくプレゼントです。

・裏技③：業者から購入

チャンネル登録者を販売している業者や、オークションサイトなどで登録者や再生回数を購入することができます。お金を振り込むと、実際に購入した分のチャンネル登録者数が増加します。ただし、中には詐欺業者もいるので注意が必要です。

以上のように、人為的にチャンネル登録者数を増やすことは可能なのです。

ただし、私は絶対におすすめしません。

　なぜなら、3つの大きなデメリットがあるからです。

デメリット１　コミュニティガイドライン違反

　そもそも、人為的にチャンネル登録者を増やすのはコミュニティガイドライン違反です。相互登録やプレゼント企画などは悪気なくやっている人がほとんどですが、YouTubeがダメだと明言しているので、最悪の場合、アカウント停止になる恐れもあります。

　「バレなければいいでしょ！」という人もいるかもしれませんが、動画の視聴経路とチャンネル登録するまでの流れを見れば、不自然な増え方をしていることがバレバレです。それに全く警告が来なかったとしても、今は泳がされているだけだという可能性もあります。

デメリット２　視聴者からの信頼を失う

　チャンネル登録者数は、そのチャンネルがどれだけ面白いチャンネルなのかを判断するためのバロメーターとして見ている視聴者もいます。もし、その数値を不正操作していることが視聴者に知られてしまったら、どう思うでしょうか？ 信頼を失ってしまいますよね。

　「言わなければ視聴者にバレるわけないじゃん」と思うかもしれませんが、「NoxInfluencer」などのツールを使えば、少しYouTubeに詳しい人が見れば一目瞭然です。実際に10万人以上の登録者数がいるインフルエンサーのチャンネルの中にも、残念なデータをさらけ出している人も何名か知っています。

　すぐにバレてしまう嘘をつくのは、リスクが高すぎますよね。

図6-3-1　通常のチャンネルと登録者を購入した（と思われる）チャンネルの伸び方の違い

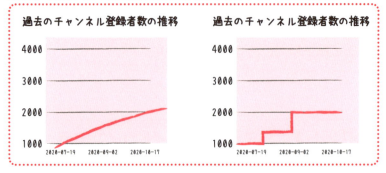

左が通常のチャンネルの伸び方、右が登録者を購入したと思われるチャンネルの伸び方です。購入した人数の登録者がいっぺんに増えるので、グラフが階段状に線を描いているのがわかります。

デメリット３　インプレッションクリック率の低下

　そしてこれが一番大きなデメリットなのですが、自分のチャンネルに興味のない人にチャンネル登録をされてしまうと、データが悪くなってしまいます。

　チャンネル登録者数は多ければ多いほど良いと思っている人もいるかもしれませんが、それは大きな誤解です。

　チャンネル登録者数が増えると、あなたの動画のインプレッション数が上がります。YouTubeのホーム画面や登録チャンネルの画面に、あなたの動画のサムネイルが表示されることが「インプレッション」です。しかし、あなたの動画に興味がない人たちは、おすすめに表示されてもクリックすることはないですよね。インプレッション数に対するクリック数は「インプレッションクリック率」といって、YouTubeがその動画の良し悪しを判断するための重要な指標なのです。

図6-3-2 インプレッションとインプレッションクリック率の関係

YouTubeの管理画面「YouTube Studio」の中にある分析機能である「アナリティクス」を見ると、「インプレッションと総再生時間の関係」という指標を見ることができます。YouTubeにおすすめされた回数（インプレッション）に対するクリックされた回数の割合が確認できます。

不正で獲得した登録者数は足を引っ張り続ける

　動画を視聴しない登録者が多数いるチャンネルは、その後もインプレッションクリック率が上がることはありません。一度購入した登録者は投稿者側で外すことはできないので、一度でも悪魔に魂を売った人には、そのチャンネルを手放すことをおすすめします。

　需要のあるチャンネルには、黙っていても登録者が付きます。だから結局は、慌てず誠実に、そして地道にチャンネルを運営していくことこそが、収益化への一番の近道なのです。

コラム 規約違反だけじゃない！
チャンネルの育て方は要注意

　YouTubeを運営する上で、規約違反は一番リスクが高いのですが、それと同じくらい気をつけて欲しいことがあります。それはチャンネルの育て方です。YouTubeでは数え切れないほどのジャンルが存在しますが、そのジャンルごとにチャンネルの伸ばし方も変わってきます。そして実は、再生回数が伸びない人たちはジャンル問わず同じミスを犯していることが多いのです。これからYouTubeを始める人は、まず伸びない人たちがどのあたりで失敗をしているかを把握し、自分は同じミスをしないように気をつけながらチャンネルを育てていきましょう。

　次の動画では、「90％の人が再生回数が増えない原因」について語っています。ぜひ参考にしてみてください。

YouTubeの動画へ
アクセス!!

6-3 まとめ

- チャンネル登録者数を人為的に購入するのは絶対にダメ
- ガイドライン違反なので、ペナルティを受ける可能性がある
- 視聴者の信頼も失いかねない
- この先のチャンネル運営において、間違いなく足を引っ張り続ける

第2部 ▶▶▶

YouTubeマスターD の真骨頂! 再生回数・登録者 爆増の秘策

第7章

顔出しも声出し必要なし！
再生回数も爆上がりの
ステルスYouTubeとは

1 撮影もしなくていい？ステルスYouTubeのメリットとは

YouTubeは不公平。成功できる人とできない人がいる

　本書には、YouTubeで成功するための様々な知識とノウハウを詰め込んでいますが、それらを実践しても、100%必ず成功できるというわけではありません。なぜなら、動画の質は出演者のタレント性によって大きく変わるからです。

　例えば、そのジャンルのライバルを見ると「若くて綺麗な女性YouTuber」が1人だけ。対して、あなたは普通の中年男性。仮に「喋りには自信がある！」だったとしても、あなたが彼女のチャンネルに勝てる可能性は低いかもしれません。

差別だ!不公平だ!と思うかもしれませんが、これは仕方がないことなのです。

　視聴者には複数の選択肢があり、そして「魅力的なチャンネル」の判断基準は人それぞれである以上、知識やノウハウだけではどうにもならないこともあります。

　いきなりネガティブな話で申し訳ありませんが、この現実は理解しておいてくださいね。

コミュ障やブサイクでも成功できる可能性の高い運営方法とは

　「ダメな自分でもなんとかなるかも！」と、藁にもすがる思いで本書を手に取ってくれた人の心を砕いてしまいましたか？

でも大丈夫！

実は、ルックス関係なし、トーク技術必要なし、そして誰にでも再現可能な、本書イチオシの「成功できる可能性の高い運営方法」があるのです。

その名も、ステルス YouTube！

ステルス YouTube とは、顔出し、声出しをする必要がなく、なんと撮影をする必要もない YouTube の運営方法のことを言います。

私は、今でこそ顔出しをしている一般的な YouTuber のプロデュースをするようになり、自身も7万人を超える YouTuber になりましたが、元は顔出しも声出しもしない YouTube チャンネルの運営を得意としており、広告収益だけで言うと顔出しをしているチャンネルの何倍もの収益を得ていた時期があります。さらに言うと、この運営手法を体系化し「ステルス YouTube」と名付け、MooKing というスクールで教えることで、100名を超えるコンサル生を稼がせてきました。

様々な事情から「顔出し」は不可だという人でも、ステルス YouTube であれば問題なし。ノウハウ通りに実践して継続することができるのであれば、誰でも成功することが可能なのです。

ステルス YouTube のメリット

ステルス YouTube の定義は、次のように定めています。

・顔出しをしない
・自分で声出しもしない
・撮影もしない

そしてステルス YouTube には、次のようなメリットがあります。

7-1　撮影もしなくていい? ステルスYouTubeのメリットとは　　243

●メリット1：ルックスやトーク等のスキルに左右されない

顔出ししているYouTubeの場合、どうしてもルックスやトーク力などに影響を受けてしまいます。でも顔出しをしないのであれば、ルックスが悪いからという理由で視聴対象から外されることはありません。声入れも声優さんに依頼したり機械音声を使って入れるので、自分自身のトーク力も関係ありません。

そのジャンルの専門知識についても、今の時代、検索をすればほとんどの知識は無料で得ることができます。そもそも、YouTubeの視聴者の多くはマニアックな専門家の発信を求めてはいません。

●メリット2：バレずに活動ができる

副業としてYouTubeに取り組む場合、「身バレしたくない」と考える人は多いでしょう。でも顔出しをしていると、いずれはバレます。仮面をつけて顔を隠して出演したとしても、声やちょっとした仕草でバレることもあります。

対して、ステルスYouTubeなら自分自身が出演することはないので、誰からもバレずに活動ができます。会社だけでなく、家族、親戚、友人にも内緒でYouTubeを始めたいという人にもピッタリです。

●メリット3：忙しくても隙間時間で活動ができる

YouTubeは、継続することができずに撤退する人が非常に多いのですが、その理由の多くは「思っていたよりも手間と時間がかかった」というものです。テーマ考案、台本作成、カメラセッティング、撮影、編集、サムネイル作成、投稿など、すべてを自分だけでこなさなければいけません。でも、ステルスYouTubeなら特に手間がかかる「撮影」を一切する必要がないので、大幅な時間短縮が可能です。

●メリット4：ネット環境があればどこでも動画が作れる

撮影が必要なYouTubeの場合、適切な撮影場所に行けるかどうかが重要なポイントです。昨今では、新型コロナウイルスの影響により外

での撮影が制限されたり、物流が滞ったりすることで投稿できる内容も限られてきます。

その点、ネタ作りと動画編集だけで完結できるステルスYouTubeであれば、インターネットの環境さえ整っていれば場所は関係ありません。

●メリット5：フル外注化が可能

「ネタ作りが苦手」「動画編集が苦手」という人は多いでしょう。でも、自分でやるのが苦手なら、得意な人に任せてしまえば問題ありません。ランサーズやクラウドワークス、ココナラなどのクラウドソーシングサイトを使えば、動画編集者やライターさんに1本数千円から外注可能です。

動画作りにある程度の投資ができる人であれば、自分の手をかけずに指示をするだけでYouTuberとして成功することもできるというわけです。

図7-1-1　クラウドソーシングでのシナリオ作成依頼

ランサーズなどのクラウドソーシングサイトを使えば、ライターさんにシナリオを書いてもらうことも可能です。外注を駆使すれば、自分の手を動かさなくても動画制作ができるのです。

不確定要素を排除して狙った結果を出す

　私がステルスYouTubeを推す1番の理由は、「不確定要素がほぼ皆無であり、調整できる幅が無限にある」という点です。プロの編集マンが作っても、完全な素人が作っても、同じ操作をすれば完成する動画を全く同じ物にすることが可能。さらに、出演者のルックスやパフォーマンスの技術に囚われることなく、視聴者の反応が悪かった部分はいくらでも微調整することができます。

　つまり、伸びると確信できたジャンルに参入すれば、不確定要素に振り回されることなく、ほぼ狙い通りの結果を出すことができるわけですね。

もう、優れた容姿や才能がないからという言い訳は、一切通用しません！

　今すぐ、成功に向けて動き始めましょう。

7-1 まとめ

- 通常の「撮影するYouTube」は、成功できる人とできない人がいる不公平な世界
- 撮影を必要としない「ステルスYouTube」には、様々なメリットがある
- ステルスYouTubeなら、不確定な要素を排除してほぼ確実に狙った結果を出すことができる

2 | ステルスYouTubeなら撮影なしでもここまでできる！

ステルスYouTubeの具体例

　ステルスYouTubeの話をすると、次のような反応をされることがよくあります。

顔と声を出さずに撮影すらしないで、成功なんてできるわけない。そんな簡単に成功できるなら、今頃は成功者だらけだよ！

　まあ、わからないでもありません。ちょっと聞いただけでは「とんでもない裏技のような運営方法」に思えてしまいますからね。

　でも、決してそんなことはないのです。

　顔と声を出さないYouTube運営の方法には、次ようなものがあります。

●ゆっくり解説

　顔だけのキャラクターが棒読みの機械音声で、様々な雑学などの解説を展開する「ゆっくり解説」は、代表的なステルスYouTubeの運営方法です。「ゆっくり　〇〇」と検索すれば、様々なジャンルの解説をしているチャンネルが見つかるでしょう。

　動画の制作には、「ゆっくりムービーメーカー」か「AviUtl」というソフトを使う必要があるので、通常の動画編集ソフトで完結するジャンルと比べるとやや参入障壁が高めですが、最近は「ゆっくりだから」という理由だけで再生回数が伸びやすい状況が続いており、かなり狙い目なスタイルです。

図7-2-1　ゆっくり解説動画

「霊夢」や「魔理沙」などのキャラがロボットボイスで解説をする「ゆっくり解説」のジャンルは、最近では特に人気が出ています。

●漫画動画

　イラストに吹き出しのセリフとアフレコ音声があててある「漫画動画」も、顔出しや声出し、撮影なしのステルスYouTubeに該当します。このスタイルの動画は、他のYouTubeチャンネルと比べると制作コストが高めです。ネタ作りと動画編集の他に、イラスト作成、声のアフレコをプロに依頼する必要があります。

　だから、既に他のビジネスで成功を収めている人や、ある程度蓄えがあってどんどん投資をしていける人におすすめなやり方です。

●LINE動画

　今やコミュニケーションツールの代表となったLINEのやり取りが、ひたすら流れる動画です。夫婦の修羅場や、嫁姑間のギスギスしたやりとり、恋人同志のラブラブなやりとりなどの脚本を作って、実際にLINEのやりとりをしているように映像と声を流していきます。

　妄想でいろんな人同士のやりとりが作れそうな人は、ぜひ参入してみてください。

図7-2-2 LINE動画

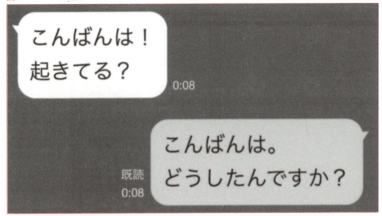

人のLINEを覗き見をしているような背徳感が味わえる人気コンテンツです。「もし、あの人とあの人がLINEしたら…」という妄想が得意な人は、いくらでもネタが作れそうですね。

●アニメーション動画

　「Vyond」という、ブラウザ上でアニメーションが作れるソフトで作った動画も人気です。

　様々なアバターを作り、動作、感情表現を自由自在に扱うことができるので、動画内で表示させる素材が見つからない場合でも、自分で作ることで解決できます。

　他にも、Adobe社の「Animate」を使ってアニメを作ったり、「VideoScribe」というソフトでホワイトボードアニメーションを作ったりすることも可能です。

図7-2-3　「Vyond」を契約使えばブラウザ上でアニメが作れる

「Vyond」の契約には、年間で税込16万5千円かかってしまいますが、かなり自由度の高いアニメーションを作ることができます。無料で体験できるので、一度試してみることをおすすめします。

◉風景動画

　ステルスYouTubeの「撮影をしない」という定義からは外れてしまうのですが、風景を撮影するだけの動画も、顔出し不要なジャンルです。普段なら入ることができない高級ホテルの中を撮影したり、自動車に高画質カメラを取り付けて走行することで疑似ドライブができるような動画は、需要が非常に高いです。
　映像撮影が得意な人におすすめの手法です。

◉切り抜き動画

　最近爆発的に人気が出ているのが、切り抜き動画というジャンルです。ブームの発端は、ひろゆきさんの動画を切り抜いて公開することが公式で許可をされたのがきっかけです。以前は、著作権無視の転載動画として厳しく取り締まられることが多かったのですが、元の投稿者にとっても知名度を上げられるのでメリットが大きく、許可されることが増えてきています。

ただし、誰でも無制限に許可をしているわけではありません。今でも自分の動画を自由に使ってもいいという人は少数派ですし、許可をしている人でも収益を折半しないといけないこともあるので注意しましょう。

ステルス YouTube の可能性は無限にある

　以上のように、自分の顔と声を出さなくても、YouTube で稼ぐ方法はいくらでもあります。

　需要のありそうなジャンルを見つけたら、これらのステルス手法で運営することが可能かどうかをぜひ検討してみてください。

7-2 まとめ

- ●ステルス YouTube の運営手法には様々な種類がある
- ●ジャンル選定の際に良いジャンルが見つかったら、ステルスで運営ができるか検討してみる

3 | ステルスYouTube 運営の注意点

ステルスYouTubeには「属人性」がない

　メリットだらけのステルスYouTubeですが、それでも残念ながら、誰にでもおすすめできるというわけではありません。人によっては、ステルスでない方が向いているというケースもあるでしょう。だから、参入する前に「ステルスで行くべきか、顔出しで行くべきか」については、じっくりと考えてみてください。

　例えば、顔出しも声出しもしない場合、当然ですが、あなた自身が画面上に出てきません。つまり、あなた以外にもそのチャンネルを運営することは可能だということになりますよね。

**このように、あなた自身の存在に依存しないことを
「属人性がない」と言います。**

　ステルスYouTubeが魅力的に感じた人は、属人性がないことがメリットのように感じると思います。外注化の仕組みさえ作ってしまえば、あなた自身が働かなくても収入が入ってくるわけですからね。万が一、あなたが病気や怪我で入院をすることになった時にも、他の人に任せれば更新が止まることはありません。

　しかし、この「属人性がない」ことが、逆にデメリットとなることもあるのです。

影響力を付けたい人には不向き

　仮に、あなたが「YouTubeの活動を通して人気者になって、インフルエンサーとしてお金稼ぎをしたい」と考えているなら、顔出しをし

7-3　ステルスYouTube運営の注意点　253

た方が圧倒的に有利です。少なくとも、声出しは必須ですね。つまり、人に依存しないというステルスYouTubeの特性が、ここではデメリットとして働いてしまうわけです。

　自分自身の影響力をつけたい人は、属人性のある運営方法を選択しなければなりません。

　私が、YouTubeマスターDとして顔出しをしてYouTubeでの発信をしている理由は、まさにここにあるのです。YouTubeでの発信を見てファンになってくださった方が、SNSのフォロー、商品の購入などをしてくださいます。この書籍を手に取ってくださったあなたも、既にYouTubeでの発信を見たことがあるかもしれませんよね。

図7-3-1　YouTubeマスターDの顔出し動画

顔出しをして有益な情報発信をすることで「YouTubeマスターD」個人の信頼性を高め、集客の効果を高めるだけでなく、有名YouTuberさんと繋がることができコラボを実現することもできました。

真似をされる可能性が高い

属人性がないことのデメリットはもう1つあります。

それは、「真似されやすい」ということです。

ある程度の編集技術があれば誰でも再現できてしまうので、穴場ジャンルに参入したことが同業者にバレると、高確率でまんま真似をされると思った方がいいでしょう。

私は基本的に、稼げる穴場ジャンルを不特定多数の人に公開することはありません。その時は稼げるジャンルであっても、公に広まってしまうことですぐに飽和し、稼げないジャンルになってしまうことにもなりかねないからです。

通常の運営方法であっても、稼げるジャンルは真似されがち。ましてや、誰でも再現可能なステルスYouTubeであれば、さらに飽和のスピードが速くなるのは当たり前のことだとも言えます。

ステルスYouTubeが
向いている人と向いていない人

ステルスYouTubeは、ただ「広告収益を得てお金を稼ぎたい」という人には最適なお金の手法です。サラリーマン、フリーター、主婦の方など、普通の生活を送りながら空いた時間で活動できる手軽さも魅力的ですし、できるだけ手間をかけずに稼ぎたいという人にもぴったりです。

反面、自分の影響力を高めて他のお金の稼ぎ方もしていきたいという場合は、絶対に顔出しをしないといけないわけではありませんが、少なくとも声だけは出して、少しでも自身のキャラクターを表に出していった方が絶対にいいです。

> **コラム** YouTubeで稼ぐには顔と声なんていらない！

　私がステルスYouTubeを始めた最大の理由は、人は平等じゃないと知っていたからです。生まれ持って美女やイケメンの人もいれば、そうじゃない人もいます。お金持ちの人もいれば貧乏な人もいます。顔と声を出してYouTubeで成功している人は沢山いますが、それと同じやり方を全員がやれば同じように結果が出せるのかと聞かれたら、残念ですが答えはNOです。

　しかし、顔と声を隠しているステルスYouTubeであれば、作り方さえわかってしまえばいくらでも再現が可能。つまり、稼いでるチャンネルを見つけてそれと同じようなチャンネルを作ることができるというわけです。まさに、ステルスYouTubeは再現性の塊だと言えます！

　ステルスYouTubeについてもっと深く知りたい人は、次の動画をぜひ参考にしてみてください。

YouTubeの動画へアクセス!!

7-2 まとめ

- ●ステルスYouTubeは、良くも悪くも属人性がない
- ●影響力を付けたい人は、顔出し声出しがおすすめ
- ●真似をされるのが当たり前、くらいに考えておくこと

第8章

再生回数を
伸ばすために必要な
超重要テクニック

1 絶対に見るべきアナリティクスの指標とは

チャンネルの改善はフィーリングでやってはいけない

　動画投稿を続けていても、思うように再生回数や登録者数が増えないことがあります。ジャンル、ネタ、動画作成、サムネイル、タイトル、投稿設定などすべてに全力投球しているのにいつまでも再生回数が伸びなかった場合、あなたなら何をしますか？

　そのような場合は、ひたすら動画を追加で投稿していくだけでなく、自分なりに何が悪いのかを考えて、改善をしていくことが必要です。

こうなったら一旦立ち止まって要因分析→改善をするべき！

　とはいえ、改善をしようにも、伸びない原因が把握できていないと何から手をつけていいのかわかりませんよね。手当たり次第に思いついたことをするだけでは、それは改善とは言えません。変える必要のないところをいじってしまうと、むしろチャンネルに悪影響を与えかねないでしょう。

アナリティクスを見て改善ポイントを探す

そんな時に、何を改善すれば良いのかを知る指標となるのが、チャンネルの管理画面である「YouTube Studio」の中にある「アナリティクス」という機能です。これを見れば、チャンネルの中にある問題点を一瞬で知ることができます。

図8-1-1 「YouTube Studio」内にある「アナリティクス」

アナリティクスを見れば、自分のチャンネルの問題点が一目瞭然です。

ただし、あらゆる情報を知ることができる反面、少し画面が複雑なので、はじめて見るとどこを見ればいいのかわからず戸惑ってしまうかもしれません。

ここでは、アナリティクスの中のどの部分に注目をすればチャンネルの改善をすることができるのかについて、詳しく解説していきます。

「年齢と性別」を見れば視聴者の属性がわかる

あなたが想定した視聴者の属性が、実際の視聴者層と異なっている場合があります。例えば、本当は20代の女性向けにファッションに関

する発信をしていたつもりなのに、セクシーな女性が発信をしているのが原因で、実際の視聴者は40代以上の男性ばかりだったなんていうこともあり得るわけです。

　この場合、取り扱うトピックや演者の露出度などによって、視聴回数にばらつきが出てしまいます。==自分が狙った通りのターゲットに届けることができていないと、思うようにヒット動画を出すことができない==ので、視聴者の年代や性別、を把握することは非常に大切です。

　YouTubeの「アナリティクス」の中にある「視聴者」タブを開いて、一番下までスクロールすると出てくる「年齢と性別」という項目を見てください。

図8-1-2　年齢と性別

> このチャンネルの場合、視聴者のほとんどが男性であり、年齢は18歳〜24歳の若い層が多いということがわかります。

　この項目を見ながら視聴者の層に合わせた発信をすることで、チャンネル運営の方向性を見誤らずに済みます。

「視聴者がYouTubeにアクセスしている時間帯」を見れば、投稿するべき時間帯がわかる

　視聴者の属性がある程度わかったら、投稿時間にも気を使いましょう。例えば、子供が見るチャンネルの場合は、幼稚園や小学校から帰ってきた後から夕飯前くらいまでが多いです。あるいは、社会人向けのビジネス系動画などは、出勤前や仕事が終わって一息ついた頃が多い傾向があります。

　実は、視聴者が多い時間帯に投稿時刻を合わせることで、初動の再生回数が伸びやすくなり、その後もその視聴者のおすすめに動画が載りやすくなることにも繋がります。

　チャンネルの視聴者が多いタイミングを知るためには、アナリティクスの「視聴者」タブの中にある「視聴者がYouTubeにアクセスしている時間帯」の項目を見てみましょう。

図8-1-3　視聴者がYouTubeにアクセスしている時間帯

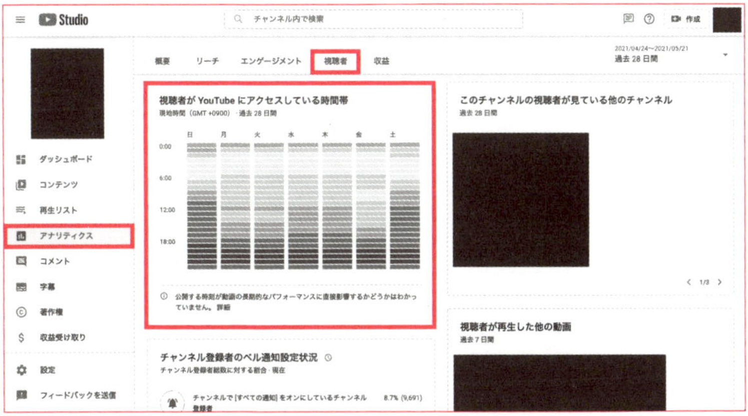

> あなたのチャンネルの視聴者がYouTubeを視聴している時間帯がわかります。このチャンネルの場合は、18時以降に集中しているようです。

　視聴者が多い時間帯を見計らって、投稿後の初動の伸びを良くするための工夫をしていってください。

8-1　絶対に見るべきアナリティクスの指標とは　　261

「このチャンネルの視聴者が見ている他のチャンネル」「視聴者が再生した他の動画」を見れば、視聴者が好む動画の傾向がわかる

　動画を何本も投稿していると、必ずネタに困ってきます。もしくは、なかなか再生されなかったり、視聴者からすぐに離脱されてしまったりすることで、どんな動画を投稿すれば良いのかわからなくなってしまうかもしれません。

　そんな時は、あなたの視聴者が他にどんなチャンネル、どんな動画に興味があるのかを調べ、打開策を考えてみてください。

　アナリティクスの「視聴者」タブの中にある「このチャンネルの視聴者が見ている他のチャンネル」「視聴者が再生した他の動画」を見ることで、視聴者の好みの傾向を知ることができます。

図8-1-4　このチャンネルの視聴者が見ている他のチャンネル、視聴者が再生した他の動画

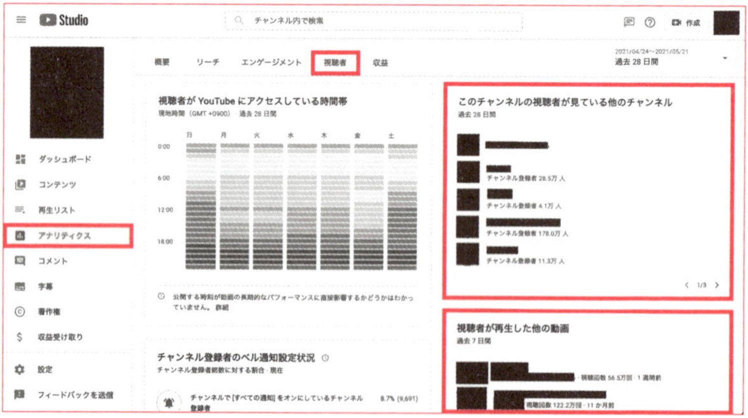

視聴者が見ている他のチャンネルや動画を見れば、視聴者に好まれる動画の傾向を把握できるので、今後のネタ作りの参考になります。

「インプレッションのクリック率」を見れば動画の魅力がわかる

　ここまではチャンネル全体の指標を見てきましたが、ここからは個別の動画のデータを見て、より細かく分析していきましょう。

　アナリティクスを開いたところに表示されるグラフの左下に、「詳細」というボタンがあります。これを押すと、個別の動画ごとのデータを表示することができます。

図8-1-5　個別の動画データを表示

> アナリティクスを開いてすぐ下にあるグラフの左下の「詳細」を開くと、個別の動画のデータを見ることができます。

　ここでまず見るべき指標は、「インプレッションのクリック率」です。「インプレッション」は、YouTubeが視聴者のおすすめ動画や関連動画に動画を表示させた回数です。そして、その表示回数に対して視聴者がクリックした割合を表すのが、「インプレッションのクリック率」となります。

8-1　絶対に見るべきアナリティクスの指標とは　　263

図8-1-6 インプレッションのクリック率

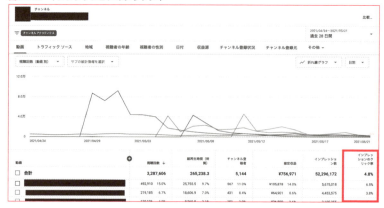

個別の動画データを表示させた画面です。「インプレッションのクリック率」を見れば、表示された回数に対するクリックされた割合がわかります。

　視聴者は、おすすめに表示される膨大な数の動画の中から見たい動画を1つ選び出します。だから、ネタ、サムネイル、タイトルで興味を引くことができなければ、中身がどんなに面白い動画であっても、クリックされることはないでしょう。

　目安としては、5%を超えるくらいを目指してください。10%出せれば、かなり良い方です。逆にこのパーセンテージが低かったら、サムネイルの改善ができないどうか、もしくはネタ自体に魅力があるのかどうかなどを検討してみてください。

「平均視聴時間」を見れば動画が面白いかどうかがわかる

　動画の個別のデータでもう1つ重要なのが、「平均視聴時間」です。動画を開いた視聴者が、その動画をどれくらいの時間見ていたのかを知ることができます。

　長ければ長いほど良いわけですが、もし動画の長さに対してあまり

長い時間再生されない場合は、視聴者が動画を楽しんでいない可能性が高いです。

　構成に問題はないか、余計な内容は含んでいないか、編集が雑なところはなかったか、音声は聞き取りにくくなかったかなど、様々な要素が考えられるので、しっかりと分析しましょう。

　この項目は画面を開いた時点では表示されていないので、＋（プラス）ボタンを押して追加してください。

図8-1-7　「平均視聴時間」の項目を追加

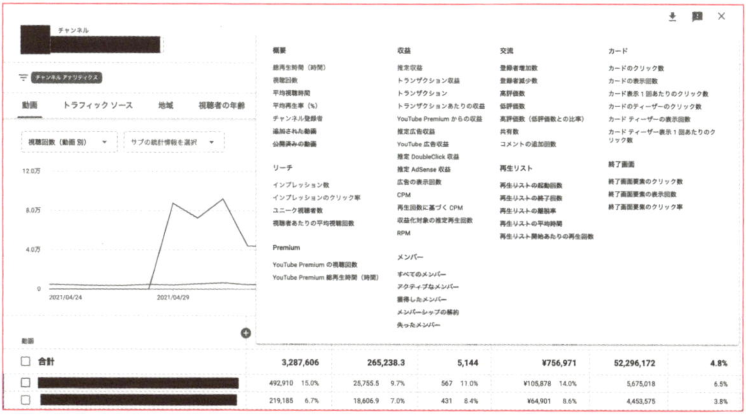

　「平均再生時間」は、視聴者がどれくらい動画を楽しんでくれたかを判断する基準となります。短い場合は内容や映像、音声などの見直しをしましょう。

注意!　よく頂く質問で、「視聴維持率は何％を目指せば良いですか？」というものがあります。これは動画全体の長さに対して再生された時間の平均を表した「平均再生率」の指標のことを言っているのですが、なかなか目安のパーセンテージが出しにくいです。例えば、4分の動画で40％という数値だとあまり良いとは言えませんが、20分の動画で40％だったらかなり良い方です。

長い動画ほど、「平均視聴時間」や「平均再生率」が上がりにくいので注意してください。

改善は必ずデータを見ながら1つずつ行う

このように、アナリティクスを見ればチャンネル内のどこに問題があるのかがわかるので、データを元に1つずつ改善していけば、再生回数や登録者数は上がっていくはずです。

逆に考えると、データ上問題ない部分は変える必要がありません。

よくコメントで「もっとこうして欲しい」という要望を言ってくる視聴者がいますが、彼らが言っていることをすべて聞き入れてもチャンネルが良くなるとは限りません。一視聴者の意見として参考にする部分はあるかもしれませんが、データが悪くなければその他の視聴者は満足している可能性が高いのです。

私もチャンネルに対してアドバイスを求められることがよくありますが、成功のセオリーから外れていたとしても、データが悪くない部分はあえてそのままにする場合もあります。

それくらいアナリティクスのデータは絶対的なものなので、誰かから助言をもらったとしても、必ずデータと照らし合わせてから改善をしていってくださいね。

8-1 まとめ

- チャンネルが伸びない場合は、アナリティクスを見て改善を検討する
- チャンネル全体のデータだけでなく、個別の動画のデータも細かく分析する
- 助言をもらったとしても、データ上問題なければ聞き入れる必要はない

2 | チャンネルはすぐには 伸びないので、投稿直後の 数値に惑わされてはダメ

投稿直後の再生回数はあてにならない

　チャンネル運営を始めて最初のうちは、動画を投稿してもほとんど再生されないという辛い時期があります。

しっかりジャンル選定をして運営方法も間違っていないはずなのに、なぜか全く伸びないのか？
アナリティクスを見ても、そもそもデータが溜まっていないので改善すべきポイントがわからない。
動画公開から3日経っても、5回しか再生されない。
もう辞めたい。。。

　こんな状態になることも珍しくはないのです。
　でも私は、この状態は全く問題ないと思っています。むしろ、投稿した動画がすぐにバズるということ自体が、かなり珍しいことなのです。だから、データが取れていないこの時期に色々と改善を行ってしまうと、逆効果になってしまいます。
　最初のうちは、あまり再生回数を気にせず、投稿を続けていくことに専念しましょう。

YouTubeの動画が伸びる仕組み

　なぜ、最初のうちは再生回数が伸びにくいのでしょうか？
　ライバルと同じくらいのクオリティの動画を投稿しているのに伸びない理由は、あなたがまだその段階に達していないからです。
　そこで、ここでは公開した動画が視聴者に再生されるまでの過程を

理解しておきましょう。それだけで、チャンネル運営初期の辛い時期の気が楽になると思います。

　通常、公開された動画は視聴者の登録済みチャンネル、おすすめ動画、関連動画などの欄に表示されます。

　登録済みチャンネルは、視聴者が登録したチャンネルの動画が順番に表示されます。運営初期の頃は登録者数がゼロなので、ここに表示されることはありません。

　おすすめ動画には、その動画の視聴維持率やクリック率、視聴傾向などに応じて表示されます。ここでも運営初期の頃は、そもそも視聴回数がゼロに近いので、視聴者のおすすめに表示されにくいです。

　関連動画は、視聴者が見た動画に関係のあるテーマの動画や、同じチャンネル内の動画が表示されることが多いです。ライバルが取り扱っているテーマと似ている動画を出している場合は、あなたの動画も関連に載れるチャンスはあります。しかし、どうしても同じチャンネル内の動画の割合が多いのと、あなた以外にも同じテーマで投稿している人がいた場合は、表示される優先順位が低くなってしまいます。

　このように、投稿し始めの頃は先行者と比べると不利な点が多いのです。

　しかし、コツコツと投稿し続けることで、少しずつおすすめや関連動画に載るチャンスが増えてきます。そしてある時、急激にグンと再生回数が伸びることがあります。毎回ヒットを出すのは難しいですが、だんだんヒットが出る回数が上がってくることでしょう。

　YouTubeの伸び方でよくあるパターンなのですが、ゆっくり右肩上がりに成長していくというよりは、ずっと低空飛行していたのにある日グンと伸びていくことの方が多いです。だから、まずは10本くらい、データなどは全く気にせずに無心で投稿し続けるくらいで問題ないでしょう。

最初はジワジワ伸びる資産となる
動画作りを意識する

　動画の投稿を始めた最初のうちは、インプレッション（視聴者の画面にあなたの動画が表示されること）のきっかけが無い状態です。そのような状態でどのような動画を投稿していくのが良いかというと、私はトレンド性の無い普遍的なテーマを扱った動画がベストだと考えています。そのジャンルに興味を持ち始めた人がチャンネルを見るきっかけとなるような動画、いわゆる「きっかけ動画」ですね。瞬発力はなくても、後からジワジワと再生回数が上がってくることが期待できます。

　一方、トレンド性のあるネタは、最初のほとんどインプレッションが無い段階では効果が薄いです。時間の経過とともにその動画の価値がなくなってしまうことになりかねないので、ある程度チャンネルが育ってインプレッションされるようになってから投稿していく方が効果的です。

8-2 まとめ

- チャンネル運営開始直後に再生回数が上がらなくても、慌てることはない
- 運営開始時は、先行者と比べてインプレッションが少ない
- はじめのうちは、ジワジワと伸びていく「きっかけ動画」を中心に投稿するのがおすすめ

3 エンゲージメント率向上で 再生回数UP!

コアなファン獲得の鍵は 「エンゲージメント率」にあり

　最近のYouTube攻略のコツは、広く浅い発信をするのではなく、しっかりジャンルを絞った発信をすることです。あなたのチャンネルへの興味関心が薄い視聴者を増やしたところで、視聴維持率を高めることはできませんし、インプレッションのクリック率も上がりづらいからです。

　例えば、プレゼント企画などを行って、一時的に登録者数が増えたとします。しかし、彼らはあなたのチャンネルの本当のファンというわけではなく、ただ単に「プレゼントが欲しい人」に過ぎません。このような人たちばかりにチャンネル登録をされてしまうと、最悪の場合、チャンネルが死にます。これについては、6-3で既にお話ししましたよね。

　実は、ジャンルを絞ってコアなファンを集めたい理由はもう1つあります。それは「エンゲージメント率」を高めたいからです。この指標も、YouTubeが動画を評価する際に重要視しているポイントです。

　エンゲージメント率とは、動画の視聴回数に対する視聴者の反応の割合のことを言います。例えば、再生回数1000回の動画に対してコメントが3件しかない動画Aと、再生回数900回に対してコメントが10件ある動画Bを比較した場合、Aの方が再生回数が高いですが、エンゲージメント率はBの方が高いということになります。

　現時点ではAの方が再生回数が高いですが、今後の伸びはBの方が期待できるというわけです。

ここでは、エンゲージメント率を高める施策について、いくつか具体例をお話ししていきます。

一般論とは違う賛否両論の主張をする

　動画の中で何かを主張する場合、できるだけエッジの立った鋭い切り口で話をすることをおすすめします。人によって賛否の分かれる話題を出し、業界の中で常識とされていることの反対の主張をしたり、あえてマイノリティの主張を展開したりすることで、エンゲージメント率が大きく上がる可能性が出てくるのです。

　この傾向が一番顕著に現れるのが、政治やニュースに関する動画です。コメント欄では、動画のテーマに関する視聴者の様々な主張が展開され、白熱した議論になることも珍しくありません。「コメント欄が荒れても大丈夫なの？」と心配になるかもしれませんが、度の越えた誹謗中傷などがなければ心配することはないでしょう。

　政治以外のジャンルでも、色々な賛否両論のテーマがあります。
　例えば、ダイエットジャンルなら糖質制限派と脂質制限、筋トレジャンルならステロイド使用はアリかナシか、パソコンジャンルならWindowsかMacか、といった具合です。
　自分が参入するジャンルではどのようなテーマが扱えるのか、ぜひ検討してみてください。

8-3　エンゲージメント率向上で再生回数UP！

ツッコミどころを残す

　必ずしも、完璧な動画が良いとは限りません。私自身、喋るのは割と得意な方ですが、学生の頃は海外での生活をしていた時期が長く、日本語の国語力がほぼ皆無です。そのため、動画内で言葉の使い方を間違えたり、字を間違えたりすることが頻繁にあります。わざと間違えているわけではないのですが、完璧に直そうとも思っていません。

　実は、動画の中で何か間違いがあると、視聴者の方が親切に教えてくださったりするのです。

　「コメントで間違いを指摘されるなんてムカつく！」という人も多いと思いますが、エンゲージメントとして動画の再生回数を上げる手助けをしてくれていると思うと、非常にありがたいことですよね。

図8-3-1　私（著者）の言い間違えへの指摘コメント

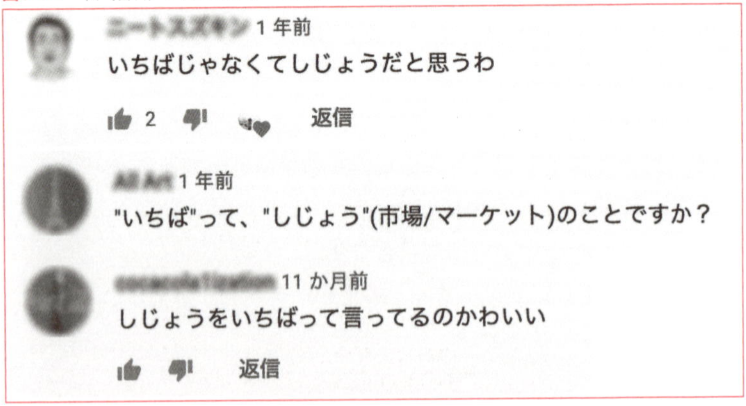

ニートスズキン 1年前
いちばじゃなくてしじょうだと思うわ

👍 2　👎　🤍　　返信

All Art 1年前
"いちば"って、"しじょう"(市場/マーケット)のことですか？

cocacolalization 11か月前
しじょうをいちばって言ってるのかわいい

👍　👎　　返信

こちらは私が「動画広告市場」を「動画広告いちば」と言った時に、実際に集まったコメントです。これらのコメントも、エンゲージメントとして動画の評価を上げるのに貢献してくれています。

コメントのお願いはテンプレ化しない

　YouTuberの決まり文句で、毎回「チャンネル登録、高評価、コメントお願いします。」というものがあります。実は、動画の最後でこのコメントを発信するだけでは、あまり意味がありません。できるだけ、その動画オリジナルの「お願いコメント」を用意して、視聴者がコメントをしたくなるような仕掛けを作りましょう。

　例えば、料理チャンネルで「鮭のムニエル」を作るという動画があったとします。この動画の最後で、「あなたが好きな鮭を使った料理を、コメントで教えてくださいね」といった一言があったら、それだけで鮭の料理の話題でコメント欄が賑わう可能性が高まります。他にも、クイズを出してコメント欄で回答してもらったり、大喜利のお題を出して回答してもらうなど、色んなミニ企画ができますよね。

　評価ボタンを押してもらうことを促す際にも、「〇〇な人は高評価、■■な人は低評価を押してください」のように、アンケートのような使い方をしても面白いです。

注意!

　低評価ボタンは押されて気持ちのいいものではありませんが、YouTubeのアルゴリズム的には決して悪いものではありません。視聴者からの反応がもらえたということで、エンゲージメントの1つとして捉えられるからです。

　悪影響があるとしたら、視聴者の中の一部の人は高評価と低評価の割合を見て動画の良し悪しを判断しているので、たとえ内容が良い動画だったとしても、無意識のうちに良くない動画だという評価をされてしまう可能性はあるでしょう。

YouTubeは双方向のメディア

　YouTubeは発信者が動画を投稿していくだけの、一方通行のプラットホームだと思う人も多いと思いますが、実はそうではありません。視聴者が動画を見て反応を起こすことによってエンゲージメント率を高め、動画が他の人のおすすめに載るお手伝いをしてくれています。

　だから、視聴者と一緒にコメント欄を盛り上げ、共に良いチャンネルを作り上げる意識を持って活動を続けてくださいね。

8-3 まとめ

- 視聴回数に対する視聴者の反応の割合を、エンゲージメント率という
- エンゲージメント率が高いと、動画の評価が上がり再生回数が伸びやすい
- 視聴者と一緒にチャンネルを盛り上げる意識を持って、動画を投稿することが大事

4 視聴者を循環させて 再生回数を倍増させる

視聴者を逃さないための工夫を!

　ある程度の視聴回数を獲得できるようになってきたら、さらに視聴回数を稼ぐためにぜひやっていただきたいのが、「視聴者をチャンネル内で循環させる」という施策です

　動画を1回視聴されただけでは再生回数は1回だけですが、その動画を見終わった後に他の動画も続けて見てもらえたらどうでしょう？視聴回数は2倍、3倍と増えていきますよね。その状態を作るためには、チャンネル内のいたるところに循環率を高めるための工夫を凝らす必要があります。

エンディング（終了画面）を用意する

　最も手軽にできる工夫が、エンディング画面を作ることです。動画の一番最後に最長20秒まで他の動画への誘導をすることができるので、視聴者が動画を見終わった後に同じチャンネル内の動画を見るきっかけを作ることができます。

図8-4-1　エンディングを挿入して、次に見るべき動画を提示

私のチャンネルでは、チャンネル登録ボタンと共に最近投稿した「最新動画」と「視聴者に適したコンテンツ」をオススメ動画として表示させています。

　普段の動画の最後に、最長20秒のエンディング用の背景を追加しましょう。どんなデザインにすれば良いか迷った時は、4-5で紹介した「Canva」を使うと簡単に作ることができます。管理画面内で「YouTubeのアウトロ」と検索すると、色々なテンプレートが出てきます。

図8-4-2　「Canva」で「Youtubeのアウトロ」と検索

「Canva」の中でYouTubeのエンディングの背景を簡単に作ることができます。自分のチャンネルのイメージに近いテンプレートを選んで、自由にカスタマイズして使いましょう。

設定の仕方は、動画投稿時に「終了画面の追加」から選択していくだけです。

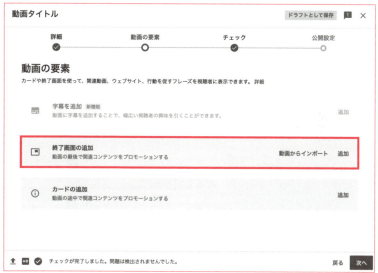

図8-4-3　動画を投稿する時の画面でエンディングの設定ができる

動画内で他の動画をおすすめする

　YouTubeの動画の中では、1つのテーマに沿って話を進めていくのがセオリーですが、たまに脱線したくなる時がありますよね。複数のことについて詳しく説明すると、元のテーマがぼやけて内容がわかりにくくなってしまいます。そのような時は、無理して1つの動画の中で説明しようとせずに、もう1つの動画を作ってしまいましょう。

　そして動画の中で、「詳しくは別の動画で解説しているので、そちらをご覧ください」というような誘導をして動画説明欄にURLを貼っておけば、同じチャンネルの中の動画をもう1本見てもらえる可能性が高くなります。

カード機能で他の動画のリンクを表示させる

　チャンネル内で他の動画の紹介をする時に、より循環率を高めるのに有効なのが「カード」機能です。カード機能とは、動画の途中で右上の方に表示されるお知らせ機能のことを言います。

　カード機能は投稿時の設定で自由に表示させるタイミングを決めることができるので、あなたがその話題を出した瞬間に表示させることで、視聴者を他の動画へ導くことができます。

図8-4-4　カードの機能で誘導ができる

動画内で他の動画の紹介をした時に、すかさずカードが表示される設定をしておけば、すぐにその動画を開くことができます。動画を投稿する際に、「カードの追加」の項目から設定をすることが可能です。

図8-4-5 動画を投稿する時の画面でカードの追加ができる

再生リストを作り、シリーズごとにまとめる

　チャンネルの中に動画が沢山溜まってくると、様々なテーマを扱うことになるので、視聴者がチャンネル一覧から見たい動画を探すのが大変になってしまいます。そんな時は「再生リスト」を使ってカテゴリー分けをすると、次の動画が探しやすくなり循環率が上がる可能性が高まります。

　再生リストとは、見せたい動画だけを見せたい順番にまとめて再生させることができる機能です。再生リストを選択して再生すると、リスト内の動画が見せたい順番に自動的に再生されます。私のチャンネルには「【2021年】YouTubeの再生回数の伸ばし方」という再生リストがあるのですが、この中では再生回数を伸ばすための最新のノウハウに関する動画だけをまとめています。この再生リストを選んだ人は、このテーマに関して関心の強い人だけなので、視聴維持率も上がりやすいですし、複数の動画を続けて見てもらえる可能性が高くなるというわけです。

図8-4-6 再生リストでまとめた「【2021年】YouTubeの再生回数の伸ばし方」

> 再生リストを使えば、同じカテゴリーの動画を連続して見てもらえる可能性が高くなります。

　再生リストも、動画投稿をする際に「再生リスト」のところから設定することができます。既に投稿済みの動画については、「コンテンツ」内のそれぞれの動画の詳細を選択することで編集することが可能です。

図8-4-7 動画を投稿する時の画面で再生リストの追加ができる

循環率はちょっとした工夫で
大きなリターンが得られる

　このように、循環率を高めるための施策は、どれもほんの少しの工夫をするだけでできます。そして、たったこれだけの工夫で、1人の視聴者が何回も同じチャンネル内の動画を見てくれる可能性が増えるわけですから、やらない手はないですよね。

　ぜひ、忘れずに設定しておきましょう。

8-4
まとめ

- 1人が同じチャンネル内の動画を何回も見るような工夫をして、循環率を高める
- エンディング、動画内での誘導、カード機能、再生リストを活用する
- 循環率を高める工夫は、少ない手間で大きなリターンを得ることができる

5 投稿頻度を意識することが大事

投稿頻度を上げると再生回数が増えやすい

　YouTubeのチャンネルをさらに伸ばしたいのであれば、投稿頻度を上げれば再生回数も登録者数も伸びていきやすくなります。

　とはいえ、当然といえば当然ですが、単純に投稿本数が多ければ良いというわけではありません。

> ・動画3本を1日で投稿して、6日間休む
> ・動画1本を週3回投稿する

　どちらも同じ「1週間のうちに3本投稿している」ことには変わりありませんが、後者の方が圧倒的に伸びやすいのです。ここで重要なのは、「投稿本数」よりも「投稿頻度」なのですが、なぜ1度にまとめて投稿するよりも、複数回に分けて頻度を高くした方が良いのでしょうか？

理由①
インプレッションとクリック率に影響があるため

　動画を投稿すると、おすすめ動画、関連動画、登録済みチャンネルの動画などの欄に表示されます。これがインプレッションですね。インプレッションが多ければ多いほど、視聴される可能性が上がります。

ところで、同時に複数の動画を投稿した場合はどうなるでしょうか。仮にあなたが10本の動画を同時に投稿したとして、そのすべてが視聴者の画面に表示されるでしょうか？

既にチャンネル登録をしてくれている人の画面には表示される可能性が高いですが、そうでない人たちの画面を、あなたが投稿した10本の動画で埋め尽くすということはあり得ないです。つまり、1本あたりのインプレッション数が低下してしまう可能性が高いのです。

では、仮にその10本の動画が、登録者の画面に表示されたとしましょう。はたして、視聴者はその動画すべてを視聴するでしょうか？余程熱心なファンの方でない限りは、興味のある動画だけを視聴して、残りは再生しない可能性が高いですよね。

つまり、インプレッションのクリック率も下がってしまうのです。

逆に、コンスタントに間隔を空けて投稿をすればインプレッションの可能性が高くなりますし、クリックされる可能性も高くなります。

理由②　視聴者に習慣をつけさせるため

ただ間を空けるというだけでなく、一定の間隔で動画を投稿することも大切です。

あなたには、毎週楽しみにしているテレビ番組がありますか？

今はなくても、子供の頃に楽しみにしていたアニメが始まる前など、ワクワクした記憶がある人も多いのではないでしょうか。

YouTubeでも、視聴者を同じような気持ちにさせることができます。

例えば、投稿日時を火・木・土の20:00に設定した場合、視聴者は毎回そのチャンネルの動画が投稿されるのを楽しみに待ってくれるようになる可能性が高くなります。

決まった曜日の決まった時間に、決まった動画を見る習慣をつけさせることができれば、あなたのチャンネルを視聴者の生活の一部に組み込むことができ、興味の有無に関係なく動画を視聴してくれるかもしれません。

毎日投稿をした方がいい?

動画の投稿頻度の話をすると、必ずと言っていいほど次の質問をいただきます。

毎日投稿をした方がいいですか?

実は、私が2020年の前半で登録者数を爆発的に伸ばした時には、毎日投稿をしていました。しかし、今みなさんに毎日投稿をおすすめしたいかと言われると、答えは「NO」です。なぜなら、毎日投稿をすると、ほとんどの人が動画のクオリティを落としてしまうからです。

ちなみに私の場合、2020年の1月から毎日投稿をするということを2019年に決め、数ヶ月前からストックを大量に貯めていました。それを放出することで、クオリティが高い動画を毎日投稿することができていたわけです。

よく「質と量どちらが大切か」という議論がありますが、私は「質を保った上での量」が重要だと思っています。

8-5 まとめ

- 同じ本数を投稿するなら、1度にではなく一定の間隔で投稿した方が良い
- ほど良い間隔を空けた投稿は、インプレッション、クリック率を上げる
- 一定の間隔で投稿することで、視聴者の生活の一部に自分の動画視聴を組み込める
- 投稿頻度を上げる際には、動画の質を落とさないことが絶対条件

6 | 足を引っ張る動画は
思い切って削除する

動画の数は多ければ多い方がいい?

8-5では、投稿頻度についてお話ししました。しっかり投稿をして動画のストックが増えることで、どんどん再生回数が上がっていきます。ただ、ここで注意してほしいのが「動画の本数は多ければ多いほどいい」というわけではないという点です。

実は、存在することでチャンネルに悪影響を与える動画があるのです。その動画が原因で、他の良い動画のポテンシャルを引き出せずに、いつまで頑張っても努力が報われないなんてこともあり得ます。

逆に考えると、そのような動画を削除するだけで、一気にチャンネルが生き返る可能性もあります。だからこそ、消すべき動画を見極めて停滞を打破していきましょう。

再生されない動画が与える悪影響とは

それでは、チャンネルの成長に悪影響を与える動画について考えていきます。

単純に再生回数や登録者数のことを考えると、「再生されない動画」がダメな動画です。例えば、他の動画は1000回近く再生されているのに、その動画だけ200回くらいしか再生されないというようなことがあったら、その動画は消した方が良い可能性が高いです。

再生されない需要の無い動画は、チャンネルに対し以下2つの悪影響を与えます。

・「面白くないチャンネル」のレッテルを貼られる

1つの動画を面白くないと判断された場合、その視聴者は同じチャンネルの動画を続けて見ようとは思いません。仮に、それ以外の動画がすごく面白かったとしても、リピートされる可能性がガクッと下がり、循環率が上がらなくなってしまいます。

・良い動画のインプレッションを下げる

動画が視聴者の画面に表示される数は限られています。だから、あなたが10本の動画を投稿しても、そのすべてが同時におすすめ動画や関連動画に表示されるということはありません。ということは、視聴者の画面にダメな動画が表示されたら、その分良い動画が表示される機会が減るということになります。

多くの人は「わずかでも再生回数があるなら残しておこう」と思ってしまいがちですが、需要の無い動画は消した方がチャンネルは伸びます。チャンネル発展のために、思い切って削除してしまいましょう。

動画を削除する基準は?

削除するべき動画の再生回数の基準は、どれくらいに設定すれば良いのでしょうか?

これはあくまで私が決めた基準ですが、3ヶ月経ってチャンネル内の平均再生回数の半分以下の動画は、削除して構わないと思っています。ただ、チャンネルによっては動画毎に大きく再生回数が異なる場合もあるので、より再生回数が少ないものから順番に消していくと良いでしょう。

その際、ポイントが2つあります。

・ポイント①
投稿してからの期間がある程度は経っていないと、ちゃんとした判断ができません。YouTubeの動画は投稿後すぐに再生回数が伸びるものだけでなく、しばらく経ってからジワジワ伸びてくるものもあります。だから、投稿後3ヶ月くらいは様子を見てから削除するか判断してください。

・ポイント②
インプレッションが伸びているかどうかが重要です。アナリティクス内の個別の動画データを見られる画面で、「インプレッション数」の数値を確認しましょう。再生回数が少なかったとしてもインプレッションが伸びている場合は、サムネイルを改善するだけで大きく再生回数が伸びる可能性が高いです。

再生されている動画でも悪影響があれば削除

チャンネルの足を引っ張るのは「再生回数が少ない動画」だけとは限りません。再生回数を稼げていたとしても、消した方が良いケースがあるのです。例えば、以下のような場合はチャンネル自体がダメになってしまう可能性があります。削除を検討してみてください。

・チャンネルのテーマとは別の内容の動画

いつも取り扱っているテーマとは別の動画をアップし、それの再生回数が爆発的に増えてしまった場合、チャンネル内には複数の属性の登録者が混在してしまう可能性があります。

インプレッションのクリック率が落ちる原因にもなるので、ジャンル違いの動画はたとえ再生回数が上がったとしても、削除することをおすすめします。

・ネガティブなバズり方をした動画

「炎上」をしたのがきっかけで再生回数が上がった動画は、削除した方が良い場合があります。特に、YouTubeを集客のツールとして使っている人の場合、あなたに対してネガティブな印象をつけてしまうような動画の再生回数が上がってしまったら、集客に悪影響が出てしまいます。早めに対処してください。

どちらのパターンでも、動画の良し悪しを判断するポイントは登録者数の増減を見ることです。その動画がきっかけで登録者数の減少数が増加数を上回ってしまう場合は、すぐに削除しましょう。

8-6 まとめ

- 再生回数が少ない動画を残すと、「面白くないチャンネル」のレッテルを貼られる可能性あり
- ダメな動画が良い動画のインプレッションを奪う可能性もある
- 再生回数が良い動画でも、チャンネルに悪影響がある場合は迷わず削除する

特別付録 ▶▶▶

「kamui tracker」のエビリーが語るYouTube市場と活用のポイント

株式会社エビリー 和田洋祐　著

ここでは本書の締めとして、国内最大級のYouTubeデータ分析ツール「kamui tracker」を開発し、データに基づいたYouTube活用を支援しているエビリー社が、現在のYouTube市場と活用のポイントをお伝えします。

特別付録

1 YouTube市場概要

「YouTube市場は伸びている」と言われていますが、実際にどの程度伸びているかをご存知ですか？

図1 YouTube月間視聴回数推移

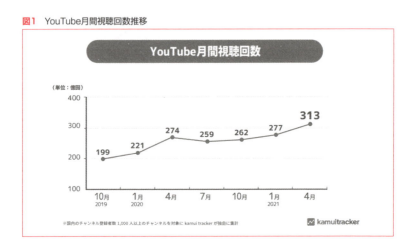

視聴する人が増えるのと同時に、YouTubeに動画を投稿する人も増え続けており、チャンネル登録者数1万人を超えるチャンネルも1年前の約1.4倍に増えています。

図2 チャンネル登録者数別YouTubeチャンネル数推移

2 なぜ今、YouTubeが注目されているのか？

①コロナ禍の影響

　まず、この1年半ほどの変化で見ると、間違いなくコロナ禍の影響があります。

　先ほどのグラフ（図1）を見ていただければわかる通り、コロナ発生前後の2020年1月から4月にかけて、国内のYouTube視聴回数は月間221億回から274億回へと、50億回以上も増加しています。

　その後も下がることなく推移しており、これまでYouTubeをあまり見なかった人も、家ナカ時間を楽しむ手段の1つとしてYouTubeを見るようになってきているということが考えられます。

②「スモールマス時代」に合っていること

　もう1つ挙げられるのは、YouTubeが「スモールマス時代」に合ったプラットフォームであるということです。

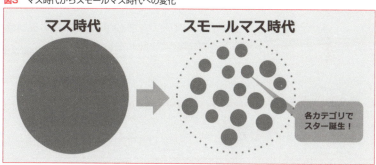

図3　マス時代からスモールマス時代への変化

　一昔前までは、例えば同じ年代・性別の人であれば、概ね同じような趣味嗜好や価値観、生き方をしている人が多い時代であったと言えます。いわば、人々を大きな塊（「マス」）として捉えることのできた時代でした。

　こういった時代の情報発信は、テレビに代表されるようなマス広告が強く、限られたメディアが多くの人にとっての情報収集の手段となっていました。

　しかし、時代は変わりました。

　今は、例えば年代や性別が同じであっても、人々の趣味嗜好や価値観、生き

方は非常に多様化し、細分化しています。

「マス」が小さな多くの塊（「スモールマス」）に分かれているのが、今の時代であるといえます。こういった時代においては、例えばテレビで情報発信をしても、一昔前ほど多くの人に影響を与えることが難しくなっています。

非常に多くの情報収集の手段が生まれており、SNSはその最たるものです。テレビでは語られないニッチな趣味嗜好であっても、SNSなら仲間を見つけることができます。そして各カテゴリの中で、特に情報発信において注目される存在が生まれています。

彼ら彼女らは、一般的な知名度はなくても、そのカテゴリの中では圧倒的な知名度と信頼度を得ています。

これが「インフルエンサー」です。

価値観が多様化し、マスメディアだけでは求められる情報を供給できなくなった今、細分化され続ける「スモールマス」に属する人々が、インフルエンサーの発する情報を求めています。もちろん、他のSNSでもインフルエンサーは生まれますが、YouTubeの持つ圧倒的な情報量は、インフルエンサーへの非常に強い信頼感や親近感をもたらします。

こういった時代の変化から、YouTubeは人々に支持され急成長するプラットフォームとなっているのだと考えられます。

3 | チャンネル運用

ここからは、具体的なYouTube活用の話に移っていきます。

まずはチャンネル運用です。

本書でもチャンネルの伸ばし方などについてお伝えしてきましたが、改めてチャンネル運用における重要なポイントと、そしてチャンネル運用における「kamui tracker」の活用法を書いていきます。

①目的を決めることが何よりも大切

YouTubeチャンネルの運用は、まず「何のためにやるのか」という目的を定

めることが非常に重要です。もちろん、「趣味のため」でも構いません。「趣味のため」が第一の目的であれば、「収益が入る入らないに限らず楽しむこと」が最も重要かもしれません。チャンネルの規模や収益に一喜一憂せず、YouTube投稿を楽しんでいく。これも素晴らしい運用の1つのあり方です。

　一方で、収益を目的とする場合、例えば「副業で収益を得ていきたい」「いつかはYouTubeを使って独立したい」などの場合は、より明確な戦略があったほうが目的に到達しやすくなります。

　一口に「YouTubeで収益を得る」と言っても、さまざまなパターンが存在します。ここでは、大まかに分類した6つのパターンをご紹介します。

図4 YouTubeチャンネルマネタイズモデル分類

▶ **YouTubeチャンネルマネタイズモデル分類**

1 インフルエンサー型
個人が主役で、広告収益とタイアップがメインの収益。専業YouTuberに多い。

4 メディア型
特定のジャンルの動画を配信し、タイアップをメインの収益とする。企業に多い。

2 投げ銭型
ライブ配信主体で投げ銭の収益がメイン。VTuberに多い。

5 本業誘導型
YouTubeでファンを獲得し、本業へ誘導し利益を上げるモデル。企業やフリーランスに多い。

3 IP型
キャラに人気をつけIP展開での収益を狙うモデル。CTuber、VTuberに多い。

6 アフィリエイト型
概要欄にアフィリエイトリンクを貼り、そこからの購入誘導で利益を得るモデル。

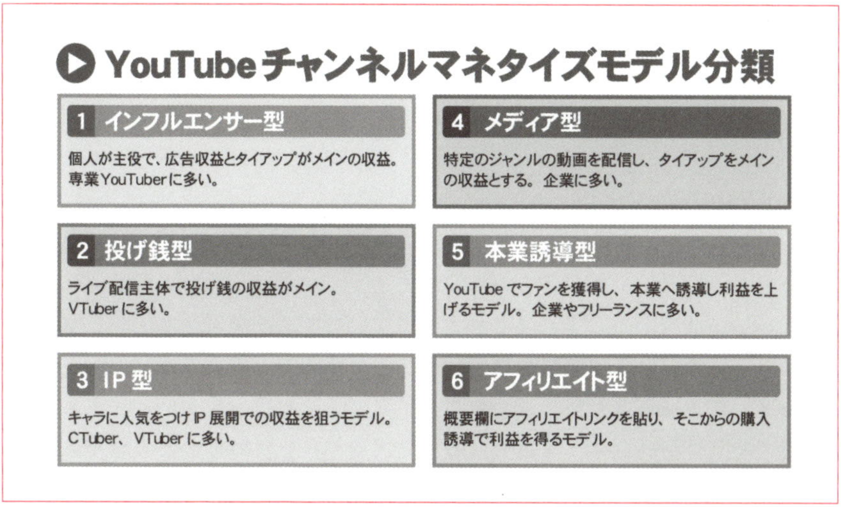

・**インフルエンサー型**
演者が主役で、主に広告収益と企業とのタイアップで収益を得るモデル。最も一般的な「YouTuber」のイメージです。人によっては一切タイアップをやらなかったり、逆にタイアップが主要な収益になる人もいます。
【例：HikakinTV】

・**投げ銭型**
ライブ配信主体で、主に投げ銭で収益を得るモデル。VTuberや一部の

ゲーム実況者に多いモデルです。非常に濃いファン層を持つことが特徴で、ライブ配信によるリアルタイムのコミュニケーションは熱量が高く、高額の投げ銭が飛び交うこともしばしばです。

【例：Coco Ch. 桐生ココ】

・IP型

登場キャラクターに人気をつけ、IP展開し収益を得るモデル。CTuber、VTuberなど、キャラクター系のYouTubeチャンネルに多いモデルです。キャラクターをIP（知的財産）として保持し、そのIPを用いたグッズやゲームなどさまざまな商品を展開し、提携先からライセンス料を得ることで収益を上げていきます。

【例：クマーバチャンネル】

・メディア型

特定のジャンルの動画を配信し、主に企業とのタイアップで収益を得るモデル。「Webメディア」「雑誌メディア」と同じようなメディアのYouTube版であると考えるとわかりやすいです。インフルエンサー型よりもコンテンツに軸が置かれていることが特徴で、特定のコンテンツに興味のある視聴者が多いことからタイアップを獲得しやすいと言えます。固定の演者がいたり、複数の演者が交代でMCを務めるなどの形があります。

【例：スロパチステーション】

・本業誘導型

YouTubeで獲得したファンが、本業の顧客になることで収益を得るモデル。直接的に本業へ誘導するというよりは、ファンが自然に本業の事業に関心を持ち、流入することを期待するイメージです。企業のブランディング目的や、採用促進などもこれに含みます。企業や個人事業主のチャンネルで多いモデルです。

【例：マコなり社長】

・アフィリエイト型
特定のジャンルに特化したコンテンツを配信し、動画概要欄などに貼ったアフィリエイトリンクからの購入誘導で収益を得るモデル。チャンネルや動画の作り方次第で、継続的な購入を発生させることもできます。

特別付録

　以上、6つのマネタイズモデルを説明しました。もちろん、2つ以上のモデルの併用型もあります。

　一般的には「インフルエンサー型」のイメージが強いと思いますが、YouTubeを使って収益を得る方法はそれだけではありません。例えば、何か自分で個人事業を持っている人であれば、「インフルエンサー型」のようにチャンネル規模を拡大していくよりも、少数のコアなファンだけを集めて、チャンネル規模は1万人もいかないけれど、そこから自分のサービスを販売して大きな収益を上げていくという方法もあり、実際にそれで成功している人も多く存在します。

　自分のなりたい理想像に向かって、どのようなYouTube活用が最適なのか？を最初に考えることが重要なのです。それによって、YouTubeの適切な運用方法も大きく異なってくるでしょう。

② 共通するのは「ファンを作り、喜ばせ続ける」という意識
　さまざまな収益獲得の方法をお伝えしましたが、これら全てに共通して必要なのは、「ファンを作り、喜ばせ続ける」という意識です。YouTubeが他のプラットフォームより圧倒的に強い部分は、「濃いファンができる」という部分です。どのマネタイズ方法も、このファンがいてこそ成り立つものです。

　いかにファンを作り、喜ばせ続けていくのか？
　それを常に考え、発信し続けていくことが重要です。

③ チャンネル運用に使える「kamui tracker」機能紹介
（https://navi.kamuitracker.com/archives/12339）

・ウォッチチャンネル一覧
　この機能では、目標にしたいチャンネルや気になっているチャンネルの数値を自分のチャンネルと比較したり、詳細ページを見て改善の参考になるポイン

トを見つけたりすることができます。主な使用用途は、「競合チャンネルと目標チャンネルの数値分析」です。

例えば、「ゲーム実況」というワードを入力すると、「ゲーム実況」がチャンネル名に含まれるチャンネルが出てきます。

図5　「ゲーム実況」というキーワードで検索

もちろん、具体的に調べたいチャンネルを決め、そのチャンネル名を入力していただければチャンネルが表示されます。その後に、登録したいチャンネルをクリックすると、ウォッチチャンネルの一覧に表示されます。

図6　ウォッチチャンネルに指定したチャンネルを登録した画面

一覧から「急上昇動画」の欄をクリックすると、最近アップされた動画で特に伸びているものを知ることができます。

その他にも、チャンネル名の部分をクリックすることで、「チャンネル詳細ページ」を見ることができます。

・チャンネル詳細ページ

「チャンネル詳細ページ」では、チャンネルに関する詳細な情報を見ることができます。紹介するのは以下の3つです。

- ・統計情報
- ・動画一覧
- ・視聴者に人気のチャンネル

「統計情報」では、そのチャンネルのあらゆる情報を見ることができます。チャンネル登録者数や、指定した期間内の視聴回数、ライクやディスライクの数まで見ることが可能です。

また、ページの下部にはチャンネルに含まれるキーワードや、登録者数の推移、注目の動画も見ることができるので便利です。

「動画一覧」では、チャンネル内の動画を一覧することができます。指定した期間内での視聴回数や、投稿日などもまとめて確認することができるので便利です。

図7　チャンネルごとの動画一覧

「視聴者に人気のチャンネル」では、表示しているチャンネルの視聴者が他にどのようなチャンネルを視聴しているかを確認することができます。「視聴者重複度」が、6段階でわかりやすく表示されているので便利です。

図8 チャンネルの視聴者に人気の他のチャンネル

・ランクシミュレーター

　この機能では、自分のチャンネルが全チャンネルの中でどの位置にいるのかを、チャンネル登録者数、視聴回数別に知ることができます。カテゴリ、集計期間、登録日を指定すると、その条件下での順位が表示され、さらに条件に一致するTOPチャンネル、自分とランクが近い周辺のチャンネルが表示されます（ただし、指定した条件下でチャンネル登録者が減少している場合、自分の位置・順位は表示されません）。

　表示されたTOPチャンネルは、あなたの目標にすべきチャンネルです。そして、自分とランクが近いチャンネルは競合チャンネルになるので、ウォッチチャンネルに追加することをおすすめします。

図9 ランクシミュレーターでわかる自分のチャンネルの立ち位置

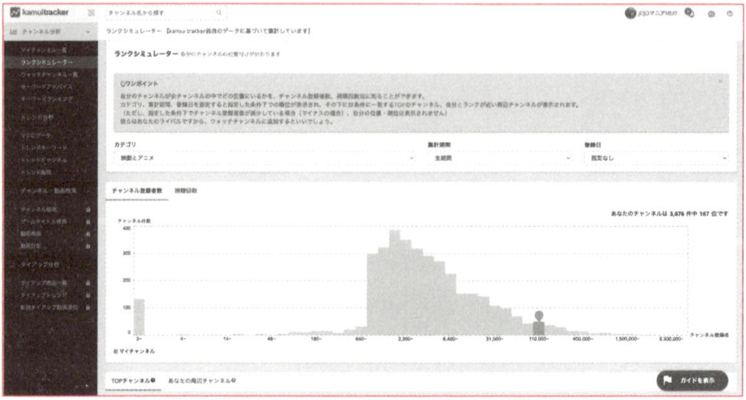

・キーワードアドバイス

「キーワードアドバイス」は、動画に含めたいキーワードを入力することで、そのワードがどれくらいユーザーに求められているかをチェックすることができる機能です。動画に含めたいキーワードを入力すると、3つの数値が表示されます。

・平均視聴回数
・7日間の投稿数
・7日間の視聴回数

例えば、「フィットネス」「WORKOUT」というワードを入力すると、次のように数値が表示されます。

図10　キーワードアドバイスで「フィットネス」「WORKOUT」と検索

「フィットネス」と「WORKOUT」というキーワードを比較すると、「WORKOUT」の方が直近の投稿数は少ないですが、直近の視聴回数は多く、また全体での平均視聴回数も高い結果となっており、狙い目のワードである可能性が高いと言えます。

競合が少なく、需要が高いキーワードを入れ込んだ動画というのは視聴回数が増えやすいので、この機能を使って動画を作成する前に市場調査をしてみてください。

また、入力したキーワードの関連キーワードも表示されます。これは入力したキーワードと同時によく使われているキーワードになるので、動画のネタ決めやタイトル構成の参考にすることができます。

・マクロデータ機能

　この機能では、国内のYouTube上のトレンドを捉え、自身のチャンネルの戦略に活かしていただくことができます。

　当機能のYouTubeトレンドを把握する3つのグラフをご紹介します。

> ・カテゴリ別成長率
> ・カテゴリ別視聴回数・投稿数の推移
> ・登録者規模別チャンネル数の累計

　「カテゴリ別成長率」では、各チャンネルカテゴリ別に、カテゴリごとの総視聴回数の成長率を見ることができます。

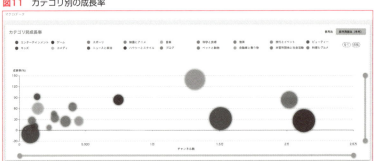

図11　カテゴリ別の成長率

　「カテゴリ別視聴回数・投稿数の推移」では、各チャンネルカテゴリ別に、月間の総視聴回数・総投稿数の推移を見ることができます。

　「登録者規模別チャンネル数の累計」では、登録者数規模別・チャンネルカテゴリ別に、累計のチャンネル数推移を見ることができます。

・トレンドキーワード

　YouTubeで今トレンドになっているキーワードを、カテゴリ別に知ることができます。カテゴリと期間を指定して調べるをクリックすると、指定した条件でのトレンドキーワードが表示されます。YouTubeで、現在どんなキーワードが上昇しているのかを見て、動画を作る際の参考にすることができるので便利です。

・トレンドチャンネル

　「トレンドチャンネル」では、チャンネル登録者数が急増しているチャンネルや、今後伸びる可能性が高いチャンネルを知ることができます。

　「KTトップ100チャンネル」では、カテゴリや登録日、期間やチャンネル登録者数などの指定されたデータをもとに急上昇しているチャンネルなどを知ることができます。またチャンネルの規模感も、「1〜10万人」や「10〜50万人」など指定することもできます。

・トレンド動画

　「トレンド動画」は、動画の視聴回数ランキンや、YouTubeの急上昇動画に掲載された動画を日別に閲覧することができる機能です。「KTトップ100動画」ではカテゴリと期間を指定することで、そのカテゴリ内でトレンドになっている動画を見ることができます。

・「kamui tracker」の効果的な使い方

　ここからは、より効果的な使い方についての一例をご紹介いたします。

STEP1　「ランクシミュレーター」で、自分のチャンネルの現状を把握
自分の視聴回数などの数値を理解することで、現状を把握します。そして、自分よりも登録者や視聴回数の多いチャンネルを目標チャンネルに、自分のチャンネルと視聴回数や登録者数が近いチャンネルを競合チャンネルとします。

STEP2　「ウォッチチャンネル一覧」で競合、目標チャンネルを考察
見つかった競合と目標をウォッチチャンネルに登録し、動画の内容や投稿している内容を考察して、エッセンスを取り入れましょう。

STEP3　「キーワードアドバイス」「トレンドキーワード」で投稿する動画の企画を検討
STEP2まで完了したら、実際に動画を作る際の軸となるキーワードを探していきます。需要があり、なるべく競合が少ないワードを抽出することがおすすめです。

以上のステップで動画のネタができてきたら、動画を作成し公開していきましょう。

この使い方は一例ですので、自分なりの活用方法を見つけてみてください。

・動画検索（有料機能）

有料機能は法人向けの機能となりますが、簡単にご紹介いたします。

「動画検索」は国内の全てのYouTube動画（登録者数1,000人以上のチャンネルが対象）が詳細検索できる機能です。例えば、キーワードやカテゴリ、チャンネル指定検索、投稿日指定検索などが可能です。これによりYouTube上で伸びている企画を一発検索することができ、企画立案に役立ちます。

※トライアル利用をご希望の方は、kamui trackerサイトからお問合せください。

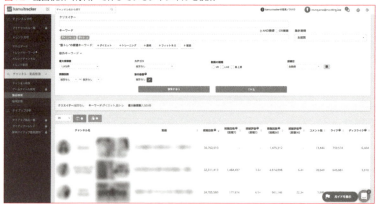

図12　動画検索（有料）で伸びているチャンネルを検索

4　YouTuberタイアップ（企業案件）

①市場データ

企業がYouTuberにお金を支払い、企業の商品・サービスを紹介する動画を出す、いわゆる「企業案件」（企業側は「YouTuberタイアップ」と呼ぶことの方が多いかもしれません）ですが、この実施件数は右肩上がりで増加しています。

「kamui tracker」のデータをもとにした調査では、2021年は約5,000企業が

企業案件を実施することが見込まれ、前年比1.7倍となることが予想されています。

図13　YouTuberタイアップ実施企業数推移

　この背景にあるのは、「企業もYouTuberの影響力を無視できなくなってきている」ということです。
　今や、大衆に向けた広告を打てばモノが売れた時代は終わりました。細分化されていく趣味嗜好にどう合わせるのか、広告が信じてもらえない時代にどう行動を促すメッセージを届けるのか、企業も試行錯誤する時代となっています。
　そんな中で、特定のカテゴリで大きな影響力を持つYouTuberに商品・サービスを紹介してもらう「YouTuberタイアップ（企業案件）」を活用する企業が増加しています。

②企業案件は受けるべきかどうか

　ある程度チャンネルが成長すると、企業から案件相談の連絡がよく来るようになるかもしれません。そして多くの連絡が来たときには、「受けるべきかどうか」を迷ってしまう人もいるでしょう。
　はたして、企業案件は受けるべきなのでしょうか？
　これに対する私の考え方は、「ファンに喜ばれチャンネル成長に寄与する案件だけを受けるべき」というものです。

YouTube チャンネルにとって、最も大切なものは「ファン」です。たしかに、企業案件は一時的に大きなお金を得られますが、仮にファンが離れてしまうような動画であれば、中長期的に考えれば広告収益も企業案件も減ってしまい、チャンネルにとっては損失となってしまいます。

逆に、いつもの世界観や面白さを維持しながら、企業案件でしかできないような企画を実施することができれば、ファンを喜ばせ、さらにファンが増えるといったことにもつながります。

こういった軸をぶらすことなく、企業案件を選んでいくことをおすすめします。

なお、同じ商品の案件であっても、企画次第でファンに喜ばれるかどうかが変わってくることもあります。そういったことも考えて企画を組んでくれる企業とだけ、タッグを組んでいくということも重要です。

YouTuber に理解のある企業と連携できれば、自分だけでは実現できなかった企画を実現でき、大きな収益を得ることも可能となるでしょう。

③YouTuberタイアップに使える「kamui tracker」機能紹介（企業向け）

最後に、企業の方向けになりますが、精度の高いYouTuber タイアップを実施していきたいときに便利な「kamui tracker」の機能をご紹介いたします。

・タイアップ商品一覧（有料機能）

「タイアップ商品一覧」は国内のすべてのYouTuber タイアップ動画（登録者数1,000人以上のチャンネルが対象）のデータを閲覧できる機能です。

他の企業がどのようなタイアップを実施しているのか、また、各YouTuber が過去にどんなタイアップを実施しているのかなどが閲覧可能です。

動画ごとに詳細なデータも確認できるので、精度の高いタイアップ施策に役立ちます。

※トライアル利用をご希望の方は、kamui trackerサイトからお問合せください。

図14　タイアップ商品一覧で競合を調査

・チャンネル検索

　「チャンネル検索」は国内全てのYouTubeチャンネル（登録者数1,000人以上のチャンネルが対象）を、14の項目で詳細検索できる機能です。登録者数や推定視聴回数、カテゴリ、キーワード、出身地や所属事務所など、多くの条件から希望のYouTuberを一発検索できます。規模の小さいYouTuberや、無所属のYouTuberが見つけやすいのも特徴です。

※トライアル利用をご希望の方は、kamui trackerサイトからお問合せください。

図15　チャンネル検索で希望の条件のYouTuberを一発検索

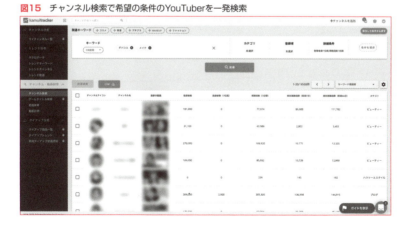

◉「kamui tracker」はこちらから

「kamui tracker」は国内最大級のYouTubeデータ分析ツールとして、クリエイターや企業の皆様のYouTube活用を支援します。

「kamui tracker」は無料で使える機能も盛りだくさんです。有料機能の無料トライアルも実施中です。

ぜひ、お気軽にお問合せください。

URL：https://kamuitracker.com/

コラム 自分の動画もしっかり分析しよう

　カムイトラッカーのような分析ツールを使ってライバルを調査するのと同時に、自分のチャンネルのデータをしっかり分析することも重要です。YouTubeには「アナリティクス」という自分のチャンネルを分析できるページが備わっています。

　その機能の中には、自分のサムネイルが何人の人に見られ、何人の人がクリックをしたかなどのデータを細かく確認できるものもあります。また他にも、自分の動画の中で、視聴者がどのあたりで離脱されているかということまでわかってしまいます。

　カムイトラッカーなどのツールで、外部のチャンネル分析をするのと同時に、元からYouTubeに備わっている分析機能を駆使することで、効率良くチャンネルを伸ばすことができるのです。

　アナリティクス分析について詳しく知りたい人は、次の動画も参考にしてみてください。

YouTubeの動画へアクセス!!

コラム　まずは登録者数1000人を目指そう

　ここまで、様々なYouTubeのノウハウについて解説してきました。皆さんは、これから自分でしっかり目標を立てて運営していくことができそうですか？

　運営を開始したばかりの人は、なかなか思うように目標を達成することができず不安になってしまう方も多いはず。そんな人は、まずは登録者数1000人を目指してみてください。登録者数1000人と再生時間4000時間を達成して審査に受かりさえすれば、念願の広告収入を得ることができ、さらにその先へステップアップしていくモチベーションも上がってくることでしょう。

　しかし、この登録者数1000人という目標を達成することは、世間の人が思っている以上にハードルが高いです。ここで行き詰まりそうな方は、ぜひ次の2本の動画をご覧ください。

　きっと挫折せずにYouTube運営をしていく助けになるはずですよ。

YouTubeの動画へアクセス!!

YouTubeの動画へアクセス!!

おわりに（佐藤大悟）

　YouTubeに対して「顔出しをして面白いことをやるエンタメYouTuberのようなことをしなければいけない。それがYouTubeだ!」という偏見を抱いている人、すごく多かったと思います。でも、本書で様々なノウハウを学んだ今、そんな意味のない思い込みはゼロになったのではないでしょうか。そして今なら、YouTubeを副業で始められる気がしませんか？

　これからYouTubeを始める皆さんに、一つ覚えてもらいたいことがあります。それは、YouTubeで成功する上で一番難しいのは「継続」であるということです。
　私、YouTubeマスターDは、今まで100以上のチャンネルをプロデュースしてきました。年収が1,000万を超える人もいれば、1億を超えるような華々しい結果を出した人もいましたが、その反面、残念ながら良い結果を残せなかった人たちもいます。

　結果を出せなかった人たちには必ず共通点がありました。それは、「継続」ができなかったということです。このことは、YouTubeだけではなくほとんどのビジネスで言えることですが、結果を出せない人は大体1～3ヶ月でリタイアしてしまいます。
　もちろん、短い期間で月収100万達成という人もいます。実際、私のコンサル生でも、2ヶ月で月収140万円を達成したという人がいました。でも、それはかなり稀なことなんです。1～3ヶ月で結果が出るなんてことは、ほぼあり得ません。普通は、6ヶ月～1年かけて100本単位の動画を投稿して、やっと収益化を達成して利益が出始めます。
　こういうことを言うと、「労力の割に、あまり稼げないの？」と思う人もいるかもしれませんが、成功できた時は、他のビジネスとは比べてものにならないぐらい大きいリターンが帰ってきます。

　多くのYouTuberが、結果を出す前は沢山の人にバカにされて悔しい思いをしていることでしょう。でもそこで諦めなかった人たちが、普通の人が一生かけて稼ぐくらいの金額を1年で稼いだり、芸能人以上の人気を手にしたりすることができるのです。そして私自身も、普通の人には考えられないような成果を出し、長年の夢だった本の出版のお声がけをいただけるほどの実績と知名度を持つことができました。
　これは運が良かったと思うところもありますが、決して奇跡が起こったとは思いません。特別な才能もなく、マイナス資金の状態から始めた私でもできたことです。そして本書を読んでくださったあなたにも、きっと明るい未来を手にすることができるはずです。だからぜひ、YouTubeドリームを掴むまで、本書を片手に頑張ってくださいね。

　最後に、本書を読んでくださったあなたに、YouTubeで成功するためのプレゼントを用意しました。実は、本書で紹介したかったノウハウでやむなくカットしたものがあるのですが、こちらの公式LINE（@ijk6343b）を追加して「本読みました」と送っていただいた方に限り、特別ノウハウレクチャー動画をプレゼントいたします。

　本書を最後まで読んでいただきありがとうございました。
　更にYouTubeのことを学んで理解を深めたい方は、ぜひYouTubeで「YouTubeマスターD」と検索してみてください。YouTubeを伸ばすためのヒントを沢山投稿しています。

　それでは、引き続きYouTubeでお会いしましょう！

おわりに（村山喬祐）

はじめまして、本書の執筆を担当いたしました村山喬祐と申します。
私は知識ゼロの状態からYouTubeマスターDの元でYouTubeの運営方法を学ぶことで、実際に大きく人生を変えてきました。

当初は会社員として約10年勤め上げてきましたが、自分の給料が大きく上がる見込みがなく生活が一向に豊かにならないことに焦りを感じていました。30歳を迎える頃、自分はあと何年会社で働き何年少ない給料で働き続けるのか。そもそも、この会社に勤め続けること自体可能なのか。そんな不安から、副業を始めることを決意しました。

最初に始めた副業は、SEOアフィリエイトです。
大学は文学部出身でありビジネス文書を書く経験もあった私にとって、文章を書くことで収益を発生させることができるこの副業はとても魅力的に感じ、すぐに参入。最初は苦戦しましたが、2年ほどで花開き、本業の収入と同じくらいの稼ぎを得られるようになりました。

しかし、その生活も長くは続きません。離婚を機にシングルファザーとなり、同じタイミングで脱サラ。さらに追い討ちをかけるように、検索エンジンのアルゴリズム変動により、アフィリエイト報酬がゼロになるという事態に陥ります。
アフィリエイトでの経験を生かしてライターとして使ってくださる企業様に救われ、なんとか生活はできていましたが、先が見えない状態に不安な生活に逆戻りしてしまいました。

そんな時に出会ったのが、YouTubeマスターDと、彼が推奨するステルスYouTubeです。彼は自分より10歳も年下（当時23歳）なのにも関わらず、説得力のある独自のYouTube運営理論を持っており、ビジネスへ取り組む際のマインドセットも完璧に備わっていました。
彼のコンサルを受けることで、私の人生は再度変わり始めました。1年後にはサラリーマン時代の3ヶ月分もの月収を手にすることもできるようになり、3年経った今では、YouTube運営をきっかけに他の事業の展開もできるようになりました。

本書には、私がYouTubeマスターDから教わった彼のエッセンスを濃縮して詰め込みました。
断言できますが、この先もYouTubeをはじめとした動画ビジネスは、間違いなく伸び続けます。
あなたがYouTube運営に参入し、明るい未来を手に入れるための道しるべとして本書を活用して頂けたら幸いです。

【著者紹介】

◎ YouTube マスターD（佐藤大悟）

株式会社 MooKing 代表取締役社長

1994 年生まれ。福島県出身。高校卒業後ホームページ制作会社の取締役に就任。その後、顔出しをしない YouTube に参入。2015 年から YouTube プロデューサーとしての活動を開始し、様々な人気チャンネルを輩出。6 年間の間に 1000 チャンネル以上のプロデュースに携わり、数多くの人気 YouTuber を輩出。

現在は日本一の YouTube 攻略チャンネル "YouTube マスターD" として活躍しながら、企業から個人まで売り上げを伸ばすことを軸にした YouTube 運営のコンサルティングなども行う。

・YouTubeチャンネル
https://www.youtube.com/channel/UCX2c6V2YSdXvW0hzDtf4OPA

・ツイッター
https://twitter.com/youtubemasterd7

・公式LINE
https://line.me/R/ti/p/%40480xwzme

◎村山喬祐

合同会社 HENKA 代表

1984 年生まれ。千葉県出身。明治学院大学文学部フランス文学科卒業後、営業マンとして 10 年の会社員生活を経て独立。アフィリエイトとライティング代行業で生計を立てる。その後、顔出しをしない YouTube（ステルス YouTube）で登録者数 10 万人を突破。YouTube 攻略だけでなく、LINE やメルマガを使った DRM 運用を得意とする。

現在はセールスライティング添削、集客アドバイス、YouTube 運営コンサルティングなども行う。

・Twitter
https://twitter.com/murayamakyos

・公式LINE
https://lin.ee/vgAIHK9

・WEBサイト
https://henka.biz

カバーデザイン：三枝未央

本文デザイン・DTP：有限会社 中央制作社

■注意

(1) 本書は著者が独自に調査した結果を出版したものです。

(2) 本書の一部または全部について、個人で使用する他は、著作権上、著者およびソシム株式会社の承諾を得ずに無断で複写／複製することは禁じられております。

(3) 本書の内容の運用によって、いかなる障害が生じても、ソシム株式会社、著者のいずれも責任を負いかねますのであらかじめご了承ください。

(4) 本書に掲載されている画面イメージ等は、特定の設定に基づいた環境にて再現される一例です。また、サービスのリニューアル等により、操作方法や画面が記載内容と異なる場合があります。

(5) 商標
本書に記載されている会社名、商品名などは一般に各社の商標または登録商標です。

カンタン&本気の副業！
これからYouTubeで稼ぐための本

2021年 9月10日　初版第1刷発行
2022年 3月 4日　初版第3刷発行

著者　　YouTubeマスターD（佐藤大悟）、村山喬祐

発行人　片柳 秀夫

編集人　志水 宣晴

発行　　ソシム株式会社

　　　　https://www.socym.co.jp/

　　　　〒101-0064　東京都千代田区神田猿楽町 1-5-15 猿楽町 SS ビル 2F

　　　　TEL：(03)5217-2400（代表）

　　　　FAX：(03)5217-2420

印刷・製本　　株式会社暁印刷

定価はカバーに表示してあります。
落丁・乱丁本は弊社編集部までお送りください。送料弊社負担にてお取替えいたします。
ISBN 978-4-8026-1320-0　　©2021 Daigo Sato,Kyosuke Murayama　Printed in Japan